石油化工设备技术问答丛书

设备润滑技术问答

钱青松　编著
程泽民　主审

中国石化出版社

内容提要

本书用通俗易懂的语言，以问答的形式，详细解答了与机械设备润滑技术密切相关的100多个问题，内容涉及摩擦与润滑、润滑材料、润滑材料的选用、设备润滑与管理等，理论与实践结合紧密，实用性强，对于搞好机械设备润滑和管理均有很强的指导意义。

本书不仅可供现场操作和维修技术人员、管理人员阅读，还适用于作技术培训教材。

图书在版编目(CIP)数据

设备润滑技术问答/钱青松编著.
—北京:中国石化出版社,2005(2024.5重印)
(石油化工设备技术问答丛书)
ISBN 978-7-80164-869-3

Ⅰ.设… Ⅱ.钱… Ⅲ.石油化工-机械设备-润滑-问答 Ⅳ.TE9-44

中国版本图书馆CIP数据核字(2005)第090616号

中国石化出版社出版发行
地址:北京市东城区安定门外大街58号
邮编:100011 电话:(010)57512500
发行部电话:(010)57512575
http://www.sinopec-press.com
E-mail:press@sinopec.com.cn
北京科信印刷有限公司印刷
全国各地新华书店经销

*

787毫米×1092毫米32开本5印张106千字
2005年9月第1版 2024年5月第6次印刷
定价:12.00元

序

设备是企业进行生产的物质技术基础。现代化的石油化工企业，生产连续性强、自动化水平高，且具有高温、高压、易燃、易爆、易腐蚀、易中毒的特点。设备一旦发生问题，会带来一系列严重的后果，往往会导致装置停产、环境污染、火灾爆炸、人身伤亡等重大事故的发生。因而石油化工厂的设备更体现了设备是企业进行生产、发展的重要物质基础。“基础不牢、地动山摇”。设备状况的好坏，直接影响着石油化工企业生产装置的安全、稳定、长周期运行，从而也影响着企业的经济效益。

为了确保石油化工厂设备经常处于良好的状况,就必须强化设备管理,广泛应用先进技术,不断提高检修质量,搞好设备的操作和维护,及时消除设备隐患,排除故障,提高设备的可靠度,从而确保生产装置的安全、稳定、长周期运行。

为了适应广大石油化工设备管理、操作及维护检修人员，了解设备，熟悉设备，懂得设备的结构、性能、作用及可能发生的故障和预防措施，以提高消除隐患，排除故障，搞好操作和日常维护能力的需要，中国石化出版社针对石油化工厂常见的各类设备，诸如，各类泵、压缩机、风机及驱动机、各类工业炉、塔、反应器、压力容器，各类储罐、换热设备，以及各类工业管线、阀门管件等等，组织长期工作在石油化工企业基层，有一定设备理论知识和实践经验的专家和专业技术人员，以设备技术问答的形式，编写了一系列“石油化工设备技术问答丛书”，供大家学习和阅读，希望对广大读者有所帮助。本书即为这套丛书之一。

中国石化设备管理协会副会长　胡安定

目　录

第1章　摩擦与润滑

1-1　什么是摩擦？摩擦有哪些分类？

答：所谓摩擦，是指当两个相对运动表面，在外力作用下发生相对位移时，存在一个阻止物体相对运动的作用力，这种现象称为摩擦。这个作用力叫做摩擦力。而两个成对的接触面叫做摩擦副。

摩擦有许多分类方法。按摩擦副的运动状态可分为：外摩擦和内摩擦。

外摩擦：当两个相互接触物体发生相对运动时，阻止相对运动所产生的摩擦称为外摩擦。这种摩擦只与物体接触部分表面相互作用有关，而与物体的内部状态无关。

内摩擦：当某一物体内各部分间发生相对运动时，阻碍相对运动所产生的摩擦称为内摩擦。一般来说，内摩擦这个概念只适用于流体，主要还是指液体。

按摩擦副的运动状态可分为：滑动摩擦和滚动摩擦。

滑动摩擦：当接触表面间相对移动时的摩擦。

滚动摩擦：物体在力矩作用下沿接触表面滚动时的摩擦。

按摩擦副表面润滑状况可分为：

干摩擦：是指摩擦副直接接触时发生的摩擦。即当两摩擦面间没有润滑剂情况下，所表现的动摩擦和静摩擦的总和，其摩擦系数一般在0.3~0.7之间。

边界润滑摩擦：是指摩擦副表面被润滑剂的分子膜所

覆盖。即两物体表面被一层具有分子结构和润滑的边界膜分开的摩擦。其摩擦系数一般在0.01~0.1之间，其油膜薄到0.6μm。边界润滑中，油脂与摩擦面的性质对摩擦系数和磨损有极大的影响，而润滑剂的极压性(或油性)起决定作用。

流体润滑摩擦：指摩擦面间存在一定厚度的完全油膜使摩擦面间的固体摩擦转变为液体摩擦，并使摩擦面间的压力由液体膜所承受，称为流体摩擦。其摩擦系数一般在0.005~0.01以下，摩擦阻力小。

混合润滑摩擦：属于过渡状态的摩擦，包括半干摩擦和半流体摩擦。半干摩擦是指同时有边界摩擦和干摩擦的情况。半流体摩擦是指同时有边界摩擦和流体摩擦的情况。

1-2 产生摩擦的原因是什么？

答：对于接触表面作相对运动时产生摩擦力这一现象有各种各样的解释，综合起来有以下几点。

机械上发生相对运动的部位一般都经过加工，具有光滑的表面，但实际上无论加工精度多高，机件表面都不可能“绝对”平滑，在显微镜下看都有高有低、凹凸不平。如果摩擦面承受载荷而又紧密接触，两个表面上的突起部分和陷下部分就会犬牙交错地嵌合在一起，两个接触表面作相对运动时，表面上的突起部分就会互相碰撞，阻碍表面间的相对运动。

另外，由于两个摩擦面承受载荷而又紧密接触，表面由若干突起部分支撑着的，支撑点处两表面之间的距离极小，处于分子引力的作用范围内，表面作相对运动时，突起部分也要跟着移动，因此就必须克服支撑点处的分子引力。

还有，由于碰撞点和支撑点都要承受极高的压力，使这些地方的金属表面发生严重的变形，一个表面上的突起就会嵌入另一个表面中去。碰撞和塑性变形都会导致产生局部瞬间高温，而撕裂粘结点要消耗动力。

以上各点综合起来就表现为摩擦力。

1-3　什么是磨损？磨损过程一般分为哪几个阶段？

答：物体工作表面的物质，由于表面相对运动而不断损失的现象叫做磨损。

机械零件正常运动的磨损过程一般分为三个阶段，如图1-1 所示。

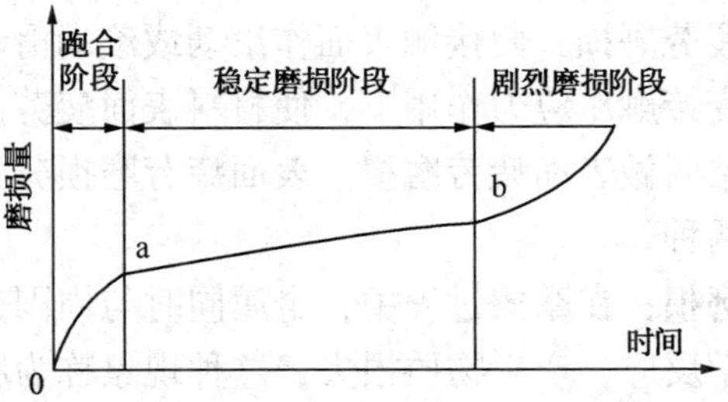

图 1-1　磨损量与时间关系示意图

(1) 跑合阶段(又称磨合阶段)，新的摩擦副表面具有一定的粗糙度，真实接触面积较小，跑合阶段，表面逐渐磨平，真实接触面积逐渐增大，磨损速度减缓，如图中 0—a 线段。

(2) 稳定磨损阶段，这一阶段磨损缓慢稳定，如图中 a—b 线段，这一线段的斜率就是磨损速度，横坐标时间就是零件耐磨寿命。

(3) 剧烈磨损阶段，图中 b 点以后，磨损速度急剧增长，机械效率下降，功率和润滑油的损耗增加，精度丧失，产生异常噪音和振动，摩擦副温度迅速升高，最终导致零件失效。

1-4　磨损一般分为几种类型？

答：根据磨损的破坏机理及机械零件表面磨损状态，磨损可大体分为以下几种类型：

粘着磨损：摩擦副相对运动时，由于固相焊合，接触表面的材料从一个表面转移到另一个表面的现象叫做粘着磨损。

磨料磨损：硬的颗粒或硬的突起物，在摩擦过程中引起材料脱落的现象叫做磨料磨损。

表面疲劳磨损：两接触表面作滚动或滚动滑动负荷摩擦时，在交变接触压应力作用下，使材料表面疲劳而产生物质损失的现象叫做表面疲劳磨损。表面疲劳磨损分为扩展性和非扩展性两种。

腐蚀磨损：在摩擦过程中，金属同时与周围介质发生化学或电化学反应，产生物质损失，这种现象称为腐蚀磨损。

1-5　影响磨损的因素有哪些？

答：影响磨损的因素主要有以下五点：

(1) 润滑对磨损的影响。润滑对减小机器零件磨损具有重大的意义，在摩擦表面建立液体摩擦后，摩擦系数可降低到原来的几十分之一至几百分之一，在摩擦表面建立液体摩擦是减少磨损主要措施。

(2) 零件表面层材料的性质对磨损的影响。零件表面层材料的硬度、韧性、化学稳定性和孔隙度是影响磨损的主要因素，增加硬度可以提高材料表面层的耐磨性，增加韧性可以防止或减少磨粒的产生，增加化学稳定性可以减少腐蚀磨损，增加孔隙度可以蓄集润滑剂，减少机械磨损，提高零件的耐磨性。

（3）零件表面加工质量对磨损的影响。零件表面的加工质量越高，即不平度越小，一般来说对提高耐磨性是有利的，但是过于光滑的表面不一定具有最好的耐磨性，因为表面过于光滑，使润滑油不能形成均匀的油膜（形成球状油滴），反而使耐磨性变坏。如图 1-2 所示，它表示零件的最小磨损量不是在表面最光滑时得到，而是在不同负荷下，当轮廓算术平均偏差为最适宜的 R_{a_1} 和 R_{a_2} 时才能得到最小的磨损量 Q_1 和 Q_2。

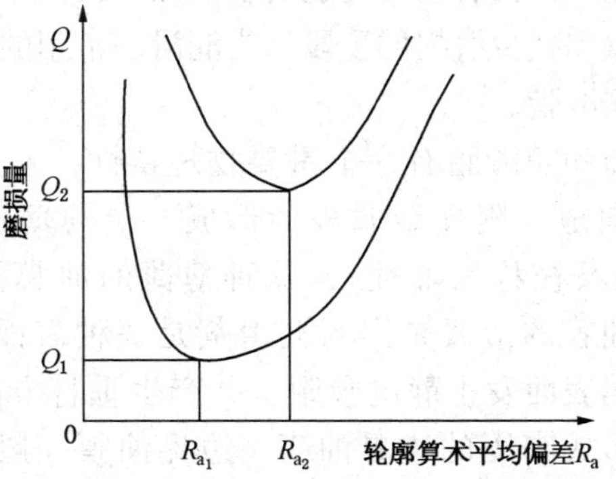

图 1-2　磨损量与轮廓算术平均偏差关系曲线

1—轻负荷；2—重负荷

（4）零件的工作条件对磨损的影响。零件的工作条件是指单位面积的负荷、相对运动的速度和摩擦面运动的性质等。通常单位面积负荷增大会使零件的磨损速度增加。零件相对运动速度对磨损的影响较复杂，当摩擦表面为液体摩擦时，相对运动速度增大，磨损减小，零件运动速度对磨损影响最大是发生在机器启动和制动时，因为这时零件运动速度突然改变，往往会发生边界摩擦、半干和半液体摩擦，甚至发生干摩擦，所以机器启动和制动次数越多，零件磨损就越大。另外，零件摩擦表面的相对运动不同，表面磨损的分布也不同。

(5) 安装修理的质量对磨损的影响。摩擦组合件经修理调整后若装配不好、配合面不平整、配合间隙过大或过小等，都会使磨损迅速增加，最后导致事故磨损和损坏，因此为延长组合件的寿命，必须保证安装和修理的质量。

1-6　什么是润滑？润滑的机理是什么？

答：把一种具有润滑性能的物质加到机体摩擦面上，达到降低摩擦和减少磨损的手段称为润滑。常用的润滑介质有润滑油和润滑脂。

润滑油和润滑脂有一个重要物理特性，就是它们的分子能够牢固地吸附在金属表面形成一层薄薄油膜的性能(这种性能又被称为油性)，这种薄薄的油膜称为边界油膜。边界油膜的形成是因为润滑剂是一种表面活性物质，它能与金属表面发生静电吸附，并产生垂直方向的定向排列，从而形成牢固的边界油膜。边界油膜一般只有 0.1~0.4μm，虽然很薄，但在一定的条件下，能承受一定的负荷而不致破裂。在两个边界油膜之间的油膜称为流动油膜，完整的油膜是由边界油膜和流动油膜两部分组成(如图 1-3 所示)。这种油膜在外力作用下与摩擦表面结合很牢固，可以将两个摩擦表面完全分开，使机件表面的机械摩擦转化为油膜内部分子之间的摩擦，从而减少了机件的摩擦和磨损，达到润滑的目的。

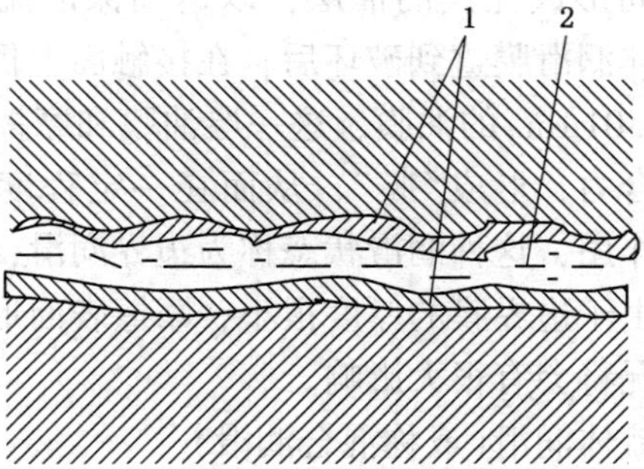

图 1-3　油膜示意图

1—边界油膜；2—流动油膜

1-7　润滑可分为哪几种类型？

答：按照摩擦副表面润滑状态，可把润滑类型分为：流体润滑、边界润滑和混合润滑。

（1）流体润滑

流体润滑是在两摩擦面之间加有液体润滑剂，润滑油把两摩擦面完全隔开，变金属接触干摩擦为液体的内摩擦。流体润滑的优点是液体润滑剂的摩擦系数小，通常为 0.001~0.01。实现流体润滑，必须具备以下三个条件：

1）摩擦表面间必须有相对运动。

2）顺着表面运动的方向，油层必须成楔形。

3）润滑油与摩擦表面必须有一定的附着力，润滑油随摩擦表面运动时必须有一定的内摩擦力，即必须有一定的粘度。

（2）边界润滑

当机械运动速度很低，而摩擦表面承受的载荷又很大时，即使使用粘度很大的润滑油，也很难使 G 值大到足以在摩擦表面间形成完整的油层，以达到保证流体润滑的程度。此时流体润滑膜遭到破坏后，在接触面上仍然存在一层极薄(约为0.01μm)的油膜，这一层油膜和摩擦表面之间具有特殊的结合力，形成“膜”，从而在一定程度上继续保护摩擦表面的作用，这种润滑状态称为边界润滑，所生成的膜叫边界膜。由于边界膜的厚度很小，摩擦表面形貌的表层性质对润滑情况将会有很大影响。

(3) 半流体润滑(或称混合润滑)

摩擦面上所形成的润滑膜局部遭到破坏，油即不均匀又不连续，使摩擦面上同时出现流体润滑、边界润滑和干摩擦的润滑状态叫做半流体流体润滑。产生半流体润滑的主要是载荷过大，或速度、载荷变化平缓，选用油品不当，以及摩擦面粗糙等原因所致。

以上三种润滑状态，在机器工作中实际是经常互相转换，其情况是随润滑油量、油性及油品粘度等条件的变化而转换的。所以，通常采取提高油量及压力，提高油性，选用适宜的粘度来实现良好的润滑状态。

注：G表示轴承的特性因素，$G=\eta N/P$，η—润滑油粘度，Pa·s；N—轴承转速，r/min；P—轴单位投影面上的载荷，N/cm^2。G值与润滑油层厚度有直接关系，G值小则形成的油层薄，反之则油层厚，因此通过G值就可以判断是否能形成足够厚度的油层以保证流体润滑。

第2章 润滑材料

2-1 润滑剂的作用有哪些?

答: 使用润滑剂的目的是为了润滑机械的摩擦部位，减少摩擦抵抗、防止烧结和磨损、减少动力消耗、提高机械效率，主要作用归纳如下:

(1) 减少摩擦。在摩擦面之间加入润滑剂，能使摩擦系数降低，从而减少摩擦阻力，节约能源的消耗。

(2) 降低磨损。机械零件的粘着磨损、表面疲劳磨损和腐蚀磨损与润滑条件很有关系。在润滑剂中加入抗氧、抗腐蚀剂有利于抑制腐蚀磨损，而加入油性剂、极压抗磨剂可以有效地降低粘着磨损和表面疲劳磨损。

(3) 冷却作用。润滑剂可以减轻摩擦，并可以吸热、传热和散热，因而能降低机械运转摩擦所造成的温度上升。

(4) 防腐作用。摩擦面上有润滑剂覆盖时，可以防止或避免因空气、水滴、水蒸气、腐蚀性气体及液体、尘土、氧化物等所引起的腐蚀、锈蚀。润滑剂的防腐能力与保留于金属表面的油膜厚度有直接关系，同时也取决于润滑剂的组成。

(5) 绝缘性。精制矿物油的电阻大，作为电绝缘材料的电绝缘油的电阻率是 $2\times10^{16}\Omega mm^2/m$。

(6) 力的传递。油可以作为静力的传递介质，也可以作为动力的传递介质。

（7）减振作用。润滑剂吸附在金属表面，本身应力小，所以在摩擦副受到冲击载荷时具有吸收冲击能的本领。

（8）清洗作用。通过润滑油的循环可以带走油路系统中的杂质，再经过过滤器滤掉。清洗作用的好坏对磨损影响很大，在摩擦面间形成的油膜很薄，杂质停留在摩擦面会破坏油膜，形成干摩擦，造成磨粒磨损。

（9）密封作用。压缩机的缸壁与活塞之间的密封就是借助润滑油的密封作用。

2-2　润滑材料应具备哪些基本要求？

答：润滑材料应具备以下一些基本要求：

（1）较低的摩擦系数，使之减少摩擦副之间的运动阻力和设备的动力消耗，从而降低磨损的速度，提高设备的使用寿命。

（2）良好的吸附和楔入能力（即具有较好的油性），以便能较好地渗入摩擦副微小的间隙内，并牢固地粘附在摩擦表面上，不至由于运动形成的剪切力所刮掉。

（3）一定的粘度，以便在摩擦副之间结聚成油楔，能够抵抗较大的压力而不被挤出。

（4）较高的纯度与抗氧化安定性，不产生研磨现象和腐蚀性，不致因迅速与水或空气作用产生酸性物或胶质沥青而使润滑剂变质。

此外，理想的润滑材料还应有较好的导热能力、较大的热容量、可靠的防锈和密封作用以及良好的洗涤作用。

2-3　润滑剂可分为哪几类？

答：凡是有降低摩擦阻力作用的介质都可以作为润滑剂，在各种机器及设备中所使用的润滑剂有气体的、液体的、半液体（也可叫半固体）和固体的，常用的润滑剂有以下类型：

液体润滑剂——矿物油系润滑油
　　　　　　——合成油系润滑油
　　　　　　——水基润滑剂（包括水、乳化液、水和其他物质的混合物

半液体润滑剂——有机脂
　　　　　　　——无机脂

固体润滑剂——软金属
　　　　　　——金属化合物，如二硫化钼
　　　　　　——其他无机物，如石墨
　　　　　　——有机物质

气体润滑剂——空气、氮气、氦气等

2-4　我国润滑油是如何分类的？

答：我国石油产品按 GB 498—87《石油产品及润滑油剂的总分类》规定进行分类。GB 498—87 参照采用国际标准 ISO/DIS 8681—1985《石油产品润滑剂的分类方法和类别的确定》制定的。润滑剂及有关产品在 GB 498—87 中的类别号是“L 类”。

润滑剂及有关产品（L 类）分类又根据 GB 7631. 1—87（该标准等效采用 ISO 6743/0—1981）产品的应用场合来划分各组。GB 7631. 1—87《润滑剂和有关产品（L 类）的分类第一部分：总分组》具体划分见下表 2-1：

表 2-1　我国润滑剂及有关产品分类标准（GB 7631. 1—87）

组别	应用场合	组别	应用场合
A	全损耗系统	D	压缩机（包括冷冻机和真空泵）
B	脱膜	E	内燃机
C	齿轮	F	主轴、轴承和离合器

续表

组别	应用场合	组别	应用场合
G	导轨	T	汽轮机
H	液压系统	U	热处理
M	金属加工	X	应用润滑脂场合
N	电气绝缘	Y	其他
P	风动工具	Z	蒸汽汽缸
Q	热传导	S	特殊润滑剂应用场合
R	保护和防护		

2-5 润滑油的主要理化指标有哪些？它们的意义是什么？

答：润滑油的理化指标主要指：粘度、粘度指数、闪点、酸值、水分、凝点、水溶性酸和碱、残碳、灰分、机械杂质、抗腐蚀性、防锈蚀性、抗泡性、空气释放性、抗乳化性和氧化安定性等。现将其意义分述如下：

(1) 粘度

粘度表现为液体的内摩擦。润滑油受到作用力的影响而发生相对位移时，油分子间产生阻力使润滑油无法顺利流动，其阻力大小用粘度表示。它是润滑油的主要质量指标，大多数润滑油是根据粘度来分牌号的，在机械设备润滑中，粘度也是作为选择用油的主要依据，粘度越大，油膜强度越高，流动性越差。

粘度的表示方法有多种，粘度的大小可用动力粘度、运动粘度、恩式粘度、雷式粘度、赛式粘度等来标示。我国采用的是运动粘度和恩式粘度。

动力粘度。面积各为 $1cm^2$、相距 1cm 远的两个油层，当其中一个油层对另一个油层以 1cm/s 的速度作相对运动时，所产生的阻力即为动力粘度，动力粘度的符号是η，单位名称是泊（符号是 P），实用单位符号是 P 的百分之一为厘泊（cP），$1cP=10^{-3}Pa\cdot s$，法定单位是 $Pa\cdot s$，常用单位是 $mPa\cdot s$。

运动粘度。运动粘度是动力粘度与该液体在同一温度下的密度的比值，即运动粘度＝动力粘度/液体密度。运动粘度符号是ν，单位名称是斯托克斯符号为 St（$10^{-4}m^2/s$），实用单位符号是斯的百分之一，为厘斯（cSt），法定单位为 m^2/s，常用单位是 mm^2/s，$1m^2/s=10^3mm^2/s=10^3cSt$。运动粘度是最常用的润滑油粘度表示方法，并且是大多数润滑油牌号的划分依据。

恩式粘度。200mL 试油在规定温度下流经恩式粘度计的时间，与 20℃时 200mL 水流经时间的比值即为恩式粘度。其符号是 Et（t 表示温度），单位恩式度（°E）。

雷式粘度。50mL 试油在规定温度下流经雷式粘度计的时间（s）称为雷式粘度，单位是雷式秒（s）。由于粘度计孔径不同又分商用雷式粘度（R_t）和海军用雷式粘度（RA_t）。

赛式粘度。60mL 试油在规定温度下流经赛式粘度计的时间（s）称为雷式粘度，单位是赛式秒（s）。赛式粘度又分为赛式通用粘度（SU_t）和赛式燃料油粘度（SF_t）。

粘度的表示方法虽然不同，但可以通过一些经验公式或图表进行大致换算。

（2）粘度指数

润滑油的粘度对润滑的效果影响很大，而温度则是影响粘度的一个重要参数，温度变化时，润滑油的粘度也随着变化，温度升高则粘度变小，温度降低则粘度变大。为了使机器得到良好的润滑，就需要润滑油在机器工作温度范围内保持合适的粘度，因此希望润滑油的粘度受温度的影响尽可能小。

润滑油的粘度随温度变化而变化的程度就是所谓的粘温性能。通常润滑油的粘度随温度变化而变化的程度小谓之粘温性能好，反之，则谓之粘温性能差。评价油品的粘温特性常采用粘度指数（*VI*），这是润滑油的一项重要质量指标，粘度指数越高，表示油品的粘度受温度的影响越小，其粘温性能越好。

粘度指数是用粘温性能较好（*VI*=100）和粘温性能较差（*VI*=0）的两种润滑油作为标准油，以40℃和100℃的粘度为基准进行比较而得出。粘度指数最简便、快捷的求取方法是通过已知该油品的以40℃和100℃运动粘度从《石油产品粘度指数表》（GB/T 2541—88）中求取。

需要说明的是，粘度指数也不是一个完美的表征油品粘温特性的参数，它只能表示润滑油从40~100℃之间粘温曲线的平缓度，不一定能说明实用上极为重要的40℃以下和100℃以上的粘温特性。

（3）闪点

将油品在规定的条件下加热使温度升高，其中一些成分蒸发或分解产生可燃性蒸汽，当升到一定温度，可燃性蒸汽与空气混合后并与火焰接触时能发生瞬间闪火的最低温度叫闪点，单位是℃。根据测定方法和仪器的不同，闪点可分为开口闪点（GB/T 267—88 法）和闭口闪点（GB/T 261—83 法）。通常，开口杯法用于测定重质润滑油或深色石油产品的闪点，闭口杯法用于测定蒸发性较大的燃料或轻质润滑油（一般闪点在150℃以下）的闪点。

闪点是表示油品蒸发性的一项指标。油品中馏分越轻蒸发性越大，闪点越低，反之馏分越重蒸发性越小，闪点越高。同时闪点又是表示油品安全性的指标，油品的安全等级是根据闪点来划分的，闪点在45℃以下为易燃品，45℃以上为可燃品，在油品的储运过程中严禁将油品加热到它的闪点温度。在粘度相同的情况下闪点越高越好。因此在选用润滑油时应根据使用温度和润滑油的工作条件进行选择，一般认为，闪点比使用温度高20~30℃即可安全使用。

(4) 总酸值和总碱值

总酸值：中和一克试样中全部酸性组份所需要多少毫克氢氧化钾(KOH)的数值来表示的，单位为mgKOH/g。

总碱值：中和一克试样中全部碱性组分所需要的酸量，换算为等当量的碱量，单位是mgKOH/g。

中和值：中和值实际包括了总酸值和总碱值，除非另有注明，一般所说的中和值实际上仅指总酸值，单位也是mgKOH/g。中和值的测定方法有GB/T 4945—85和SH/T 0251—92两种。

润滑油中的酸性组分主要是有机酸和酸性添加剂，同时还包括一些无机酸类、酯类酚类化合物等。对于新油，酸值表示油品精制的深度或添加剂的加入量(当加有酸性添加剂时)，一般来说，基础油的酸值应该很低，而对于含有酸性添加剂的油品，肯定具有相应的酸值；对于旧油，酸值表示其氧化变质的程度。一般润滑油在储存和使用过程中，由于有一定的温度，与空气中的氧发生反应，生产一定量的有机酸使酸值增大，而对于含有酸性添加剂的油品，则可能在使用过程中由于添加剂的消耗而使酸值变小，因此，油品酸值的异常变大或变小，在一定程度上说明油品变质严重，应引起使用者的注意。

润滑油中的碱性组分包括有机和无机碱、弱酸盐以及碱性添加剂等，在用润滑油碱值的变小（特别是高档发电机油），表示油中碱性添加剂的消耗和油品性能的下降，同样应引起注意。

(5) 水分

润滑油产品指标中的水分是指其含水量的质量百分数，按 GB/T 260—88 法测定。润滑油中的水分一般呈三种状态：游离水、乳化水和溶解水。一般游离水比较容易脱去，而乳化水和溶解水不易脱去。润滑油中水分的存在会促使油品氧化变质，破坏润滑油形成的油膜使润滑效果变差，加速有机酸对金属的腐蚀作用锈蚀设备，产生沉淀堵塞油路，妨碍润滑油的过滤和供油。润滑油中的水分在低温下使用，由于接近冰点使润滑油流动性变差，粘温性能变坏，当使用温度高时水汽化，不但破坏油膜而且产生气阻，影响润滑油的循环。另外在个别油品中，如变压器油中，水分的存在会使介电损失角急剧增大，击穿电压急剧下降，以至于引起事故。总之润滑油中水分越少越好，用户必须在使用、储存中精心保管油品，注意使用前和使用中的脱水。

(6) 机械杂质

所谓机械杂质，是指存在于润滑油中不溶于汽油、乙醇和苯等溶剂的沉淀物或胶状悬浮物。这些杂质大部分是砂石和铁屑，以及由添加剂带来的一些难溶于溶剂的有机金属盐。机杂测定按 GB/T 511—88 进行。机械杂质和水分都是反映油品纯洁度的质量指标，通常润滑油基础油的机械杂质都控制在 0.005% 以下（机杂在 0.005% 以下被认为是无），加添加剂后的成品油的机械杂质一般都增大，这是正常的，对一些含有大量添加剂的油品(如一些添加剂量大的内燃机油)来讲，机杂的指标表面上看是比较大，但其机杂主要是加入了多种添加剂后所引入的溶剂不溶物，这些胶状的金属有机物并不影响使用效果。因此不应简单地用“机杂”的多少来判断油品的好坏，而应分析“机杂”的内容，否则会带来不必要的损失和浪费。

对使用者来说，关注机杂非常必要，因为润滑油在使用、储存、运输中混入灰尘、泥沙、金属碎屑、铁锈及金属氧化物等，由于这些杂质的存在，加速机械设备的正常磨损，严重时堵塞油路、油嘴和滤油器，破坏正常润滑。因此，在使用前和使用中，应对润滑油进行严格的过滤并防止外部杂质对润滑系统的影响。

(7) 凝点及倾点

油品的凝点按 GB/T 510—83 法测定，在规定的条件下将油品冷却到预定温度，将试管倾斜 45°，经 1min 后液面不移动时的最高温度即是油品的凝点。

油品的倾点按 GB/T 3535—83 法测定，在规定的条件下冷却油品，每隔 3℃将试管取出，水平放置观察试样液面有无流动，直至 5s 试样液面不流动时的温度再加上 3℃，即为油品的凝点。

油品失去了流动性是由两个原因引起的，因此也分为两类原因的凝点。一类是石蜡凝点，油品中含有石蜡，随着温度的降低，蜡结晶析出，结晶形成网状结构，使处于液态的油品被包含在其中，从而使油品的整体不能移动，失去流动性。石蜡基润滑油的凝固就属于此类原因。另一类是粘度凝点，温度降低时粘度变的很大，油品变成无定型的玻璃状物质，当粘度增大到约 300000mm^2/s 时，油品即失去流动性。

高粘度油品的凝固就可能属于此类原因。

润滑油的倾点(凝点)是表示润滑油低温流动性的一个重要质量指标，对于生产、运输和使用都有重要意义。倾点高的润滑油不能在低温下使用，相反，在气温较高的地区则没有必要凝点低的润滑油，造成不必要的浪费，因为倾点越低生产成本越高。一般来说，润滑油的凝点应比使用环境的最低温度低 5~7℃，在选用低温的润滑油时，应结合油品的凝点、低温粘度和粘温特性全面考虑。

(8) 水溶性酸和碱(又称反应)

水溶性酸和碱是指润滑油中能溶于水的无机酸和低分子有机酸、碱和碱性化合物。这是一项定性试验，按 GB/T 259—88 进行，试验对润滑油生产厂来说，主要是用以鉴别油品在精制过程中是否将用于精制的无机酸或碱水洗干净。对用户来讲，可以鉴别在储存、使用过程中，有无受到无机酸或碱的污染或由于包装、保管不当使油品氧化分解产生有机酸，以致油品的反应呈酸碱性。

一般来讲，油品中不允许有水溶性酸和碱，因为若润滑油含有水溶性酸和碱，尤其对于水、汽接触的油品，特别容易引起氧化、酸化的水解化学反应，以致腐蚀机械设备，但是，若油品中加有酸性或碱性添加剂时则试验意义不大，因此不能以反应是不是中性就轻易对油品下结论。

(9) 残炭

残炭是指油品在规定的试验条件下受热蒸发、裂解和燃烧后形成的焦黑色残留物，以质量百分数表示。残炭测定方法有两种，一种是 GB/T 268—83；另一种是 SH/T 0170—92。残炭是润滑油基础油的重要质量指标，是为判断润滑油的性质和精制深度而规定的项目，以质量百分数表示。基础油中残炭的多少与其化学组成、油品精制深度有关，形成残炭的主要物质是油中的胶质、沥青质及多环芳烃等，这些物质在空气不足的条件下，受强热分解、缩合而形成残炭，油品精制深度越深残炭值越小。残炭在一定程度上反映了润滑油在高温工作下生成炭渣的趋势，炭渣常会造成油路堵塞、磨损加剧，因此一般来讲，空白基础油残炭值越小越好，但是许多油品都含有金属(如钙、镁等)、硫、磷等元素组成的添加剂，它们的残炭值也很高，此时油品的残炭值测定就失去本来意义。

残炭有时也用于在用润滑油的检验，以其超过新油原来残炭值的数量表示油品老化变质的程度(这只是一种粗略的估计)。

(10) 灰分

灰分是指在规定条件下，试样被灼烧后，所剩残留物经锻烧所得的无机物，以质量百分数表示。测量方法是 GB/T 508—85，多用于基础油或不含有金属盐类添加剂油品的灰分检定。

硫酸灰分也是一种特定条件下的灰分，是指试样被灼烧碳化后所剩残渣，用硫酸处理后再经锻烧所得的无机物。按 GB/T 2433—88 法进行测定，多用于发电机油等含有金属盐类添加剂的油品的灰分检定。

灰分对于不同的油品具有不同的概念，对于基础油或不含有金属盐类添加剂的油品来说，灰分可用于判断油品的精制深度，越少越好，对于加有金属盐类添加剂的油品(新油)，灰分就可以作为定量控制添加剂加入量的手段，这时的灰分在指标意义上不是越少越好，而是应不低于某个值或范围。

(11) 抗腐蚀性(铜片腐蚀)

测定油品在一定温度下对金属腐蚀的程度来评价润滑的抗腐蚀性，通常采用GB/T 5096—85(91)试验，腐蚀等级分为1、2、3、4级，每一级又作a、b、c、……分级。润滑油的腐蚀主要是由于油中的某些酸性物质、氧化产物和金属反应的原因。对于某些含有活性硫极压添加剂的油品来说，铜片腐蚀在某种程度上反映硫化物的活性，这可以通过加防腐蚀添加剂来抑制。随着油品品种的发展和质量的提高，绝大多数油品中都加有足够、有效的添加剂，这些添加剂可能使金属片变色，但在实际使用中却有很好的防腐蚀性能，因此在使用中不能简单地通过一项腐蚀试验就给油品下不合格以致不能用的结论。

(12) 防锈蚀性

润滑油延缓金属部件生锈的能力称防锈性，常用的测定方法是GB/T 11143—89，分为无锈、轻锈、中锈和重锈四级。水和氧的存在是生锈不可缺少的条件。汽车齿轮中由于空气中湿气在齿轮箱中冷凝而有水存在，工业润滑装置(如汽轮机)由于使用环境的关系也不可避免地有水侵入，其次油中酸性物质的存在也会促进锈蚀，因此为了提高油品的防锈性能，常常加入一些极性有机物，即防锈剂。

(13) 抗泡性

抗泡性是指油品通入空气时或搅拌时发泡体积的大小及消泡的快慢等性能，按GB/T 12579—90法测定，结果以泡沫的体积数表示：泡沫倾向(mL)/泡沫稳定性(mL)。润滑油在实际使用中，由于受振荡、搅拌等作用，使得空气混入油中，以致形成气泡而使润滑油的流动性变坏，润滑性能变差，甚至发生气阻影响供油，使机件得不到足够的润滑而磨损。特别是液压油在使用中被当作介质，由于泡沫的生成直接影响传递效果，使系统不能稳定工作。另外如果油面或油中的泡沫不能及时消失，就会使油的体积大大增大，以致于油箱容纳不下而溢出，或使液位指示器指示假液位，以致不能及时发现是否缺油。

(14) 空气释放性

空气释放性是指空气从试油的油气分散体系中析放出来的性能。测量空气释放性的方法是SH/T 0308—92，以时间为单位，时间越短，表示试样的空气释放性越好。抗泡沫性试验测定的是油品表面的发泡体积和泡沫稳定性，而放气性则是测定油品内部的小气泡(直径<0.5mm)析出的快慢。通常油品粘度越大。则抗泡性、放气性越差。

(15) 抗乳化性

润滑油的抗乳化性是指油品遇水不乳化，或虽然乳化，但经静置油能与水迅速分离的性能。润滑油与水之间的界面张力随润滑油的组成不同而不同，深度精制的基础油以及某些成品油与水之间的界面张力相当大，约为$(40\sim50)\times10^{-5}$N/cm，因此不会生成稳定的乳状液。但是如果润滑油基础油精制深度不够，其抗乳化性也就差，尤其当润滑油中含有一些表面活性物质时，如清静分散剂、油性剂、极压剂以及尘土粒等，它们都是一些亲油基和亲水基物质，它们吸附在油水界面上，使油和水之间的界面张力降低，形成稳定乳状液的倾向加大，因此在选用这些添加剂时必须对其性能作用作全面的考虑，以取得最佳的综合平衡。

对于液压油、汽轮机油等用于循环系统的润滑油常常不可避免地要混入一些冷却水，若其抗乳化性不好，将与混入的水形成乳状液，使水不易从油箱底部放出，因此一定要处理好基础油的精制深度和所用添加剂与其抗乳化性的关系。在调合、使用、保管和储运过程中也要避免杂质的混入和污染，否则若形成了乳化液，不仅降低润滑性能、损坏机件，而且易形成油泥，另外随着时间的增长，油品的氧化、酸值的增加、杂质的混入都会使抗乳化性变差，必须及时处理或更换。

抗乳化性测试常采用 GB/T 7305—86 法(ASTM D1401 法)，是以时间(即破乳化时间)作为抗乳化性指标，破乳化时间越短，油与水越容易分离开来，则该油品的抗乳化性就越好。

(16) 氧化安定性

润滑油的氧化是指油品与空气中氧分子所发生的反应。润滑油氧化后，会发生粘度增大、酸值升高、颜色变深、表面张力下降等现象，进一步氧化还会生成沉淀、胶状物质和酸性物质，从而引起金属腐蚀，并使抗泡性和抗乳化性变差，缩短油的使用寿命，生成沉淀和胶状物质沉积在摩擦面上会造成严重的磨损或机件粘结。

润滑油的氧化受多种因素影响，主要有四个：①温度，温度是油品氧化的最大影响因素；②与氧(或空气)的接触面积和氧的浓度；③时间，时间越长氧化深度越深；④金属的催化，机械润滑部位的铁、铜和铅等活泼金属的催化作用很强，并且以铜的催化作用最大，此外水的存在也能促进这些金属的催化作用，润滑油的化学组成也是一个关键因素。在高温下润滑油抵抗空气中氧的氧化作用称为氧化安定性。

2-6　我国润滑脂是如何分类的？

答：我国润滑脂的分类，根据国家标准(GB 501—65)规定，见表2-2。

表 2-2　润滑脂分类表(GB 501—65)

组别		名称	主要组成成分	特性
皂基脂	单一皂基脂	钙基润滑脂	钙皂+润滑油	抗水性好，但熔点低
		钠基润滑脂	钠皂+润滑油	耐热性好但不耐水，同水能形成乳化液
		锂基润滑脂	锂皂+润滑油	耐水、耐寒、耐高温、化学安定性好
		铝基润滑脂	铝皂+润滑油	抗水性强，能抵抗机械运转中的离心力，耐海水侵蚀
		钡基润滑脂	钡皂+润滑油	耐水、耐高温，对金属表面有很强的防护能力
	混合皂基脂	钙-钠基脂	钙钠皂+润滑油	耐高温，又能抗水
		钙-铝基脂	钙铝皂+润滑油	
		铝-钡基脂	铝钡皂+润滑油	
	复合皂基脂	复合钙基脂	钙皂+复合剂+润滑油	耐热性最高,抗湿性好,有良好的机械安定性和化学稳定性
		复合铝基脂	铝皂+复合剂+润滑油	
烃基脂		烃基润滑脂	石墨或提纯地蜡+润滑油	耐水、耐寒、熔点低
无机脂			硅胶或膨润土+润滑油	作特殊用途
有机脂			有机物+润滑油	作特殊用途

2-7　润滑脂组成成分有哪些？

答：润滑脂主要由稠化剂、基础油、添加剂及填充剂组成。

稠化剂：在基础油(液体润滑剂)中分散并形成骨架，使液体润滑剂被吸附和固定在骨架之中，从而形成具有塑性的半固体润滑脂。稠化剂应具有的性质是分散性、表面亲油性、稳定性和防腐性。

基础油(或液体润滑剂)：润滑脂是具有结构骨架的两相分散体系，基础油是这种分散体系的分散相。

添加剂：润滑脂添加剂是添加到润滑脂中，以改进其使用性能的物质。它可以改进润滑脂本身固有的性质，也可以赋予原来不具有的性质。

填充剂：主要作用是改善脂的润滑性、抗磨性和抗擦伤性，增加密封性和防护性，提高脂的强度和热安定性，降低摩擦系数，减少从摩擦部件中甩出的脂量等，常用的有石墨、二硫化钼等。

2-8　润滑脂的主要理化指标有哪些？其意义是什么？

答：(1) 锥入度：在规定的负荷、时间和温度条件下，锥体刺入试料的深度，单位用 0.1mm 表示。

工作锥入度：试料在润滑脂工作器中经 60 次往复工作后测得的锥入度。

延长工作锥入度：试料在工作器中多于 60 次往复工作后测得的锥入度，常用的有一万次、十万次两种。

锥入度表示润滑脂的软硬程度，按工作锥入度范围划分的润滑脂常用牌号见表 2-3。

表 2-3

稠度号	000 号	00 号	0 号	1 号	2 号	3 号
锥入度范围（0.1mm）	445~475	400~430	355~385	310~340	265~295	220~250

(2) 滴点：是将润滑脂装入滴点脂杯中，按规定条件加热升温，观察润滑脂从脂杯中流出第一滴液体时的温度。通过滴点的测定，可知润滑脂从不流动状态转变成流动状态时

的温度。滴点常用来粗略估计润滑脂的最高使用温度，一般讲润滑脂使用温度比滴点低20~30℃。

（3）蒸发损失和蒸发度。在蒸发皿中加入润滑脂试样，在规定的恒温浴中存放一定时间，测量润滑脂的重量减少值或减少百分比，数值越小越好，是用来考查基础油和添加剂的热安定性。

（4）氧化安定性。将试样放在一个试验弹体中，按规定充入氧气，在一定温度和时间条件下进行氧化试验，以试验后氧气的压力降低多少或氧化后脂的酸值大小来表示润滑脂的抗氧化能力。

（5）高温轴承寿命。是将润滑脂装在规定的试验轴承中，以一定的转速、一定的温度、一定的负荷进行运转，直到轴承启动或运转力矩大到使电流超过规定值，电动机停止转动时的总运转时间，以此来表示润滑脂的高温寿命。

（6）相似粘度或表观粘度。润滑脂的粘度在一定温度下是一个随剪切速率而变的变量，润滑脂的这种粘度称为相似粘度或表观粘度，单位为Pa·s。

（7）低温转矩。将润滑脂装入规定的试验轴承中，安装在试验仪器上，在低温下恒温一定时间后测定其启动与运转的力，计算出启动力矩和运转力矩的大小来考查脂的低温性能。

（8）流动压力。将润滑脂装入试验装置后，在规定的温度条件下，使压力以一定的时间间隔上升，测定从检测喷嘴里挤掉润滑脂的瞬间压力。该脂表用来考查润滑脂在常温及低温下的流动性。

（9）梯姆肯试验。在梯姆肯试验机上，将润滑脂以一定流量加在一定负荷、一定转速的金属环与金属块的摩擦副之间，经过一定时间的运转后观察金属块上的磨痕来判断润滑脂的极压性能，用OK值表示。

(10) 四球试验。将润滑脂装入四球试验机的球盒中，在规定的负荷下上面一个钢球对着下面静止的三个钢球以一定的转速旋转，一定时间后测其磨痕直径来判断润滑脂的极压性能。有以下表示方法。

PB值：是指在试验条件不发生卡咬的最大负荷。

PD值：是在试验条件下使转动球与三个静止球发生烧结的最小负荷。

ZMZ值：润滑脂在所加负荷下抗极压能力的一个指数。

LMI值：是指在所加负荷下润滑剂使磨损减少到最小的极压能力指数。

抗磨性能：在四球长磨试验机上，在规定的负荷条件下，上面的一个钢球对着表面涂有试样的下面三个静止的钢球旋转，试验结束后测量下面三个钢球的磨痕直径，以磨痕直径的大小来判断润滑脂的抗磨性能。

(11) 水淋流失量。将润滑脂装入试验轴承中，在水淋试验仪上以一定流量的水柱进行喷淋，经一段时间后，测量润滑脂的损失量，越小表示耐水性越好。

(12) 加水剪切安定性。在润滑脂剪切工作器中，将润滑脂加入一定量(10%)的水，连续剪切规定次数，然后测定其锥入度的变化值。

(13) 加水滚筒试验。将润滑脂放入滚筒中，加入一定量(10%)的水，在规定温度、转速条件下进行滚压试验，经过一段时间的滚压后，测其微锥入度的变化值。

(14) 防腐蚀性试验。用三个试验轴承按规定方法装好润滑脂，在规定温度、湿度的条件下存放一定时间后，检查轴承的外滚道是否有锈蚀，以此来确定腐蚀等级。

（15）动态防锈试验。将试验轴承装好润滑脂后，放入装有蒸馏水或盐水试验槽中，在规定时间内运转结束后，检查轴承外滚道，确定腐蚀度。

（16）腐蚀试验。将金属试片打磨、洗净后，放入装有润滑脂的试验杯中，在一定温度条件下，经过一段时间的试验后取出金属片，观察其颜色的变化情况，确定润滑脂对金属腐蚀程度。

（17）润滑脂杂质测定。最常用的是显微镜杂质含量测定法，在显微镜下观察不同直径的机械杂质，累计记数，最后按标准确定杂质含量。

（18）钢网分油。将脂样装入锥形不锈钢丝网中，把锥网吊在烧杯内，再将此烧杯置于烘箱中，在规定温度下经过规定时间后，测定从锥网流下的油重，数值越小越好，过大则表示在此温度下不能使用。

（19）压力分油。利用加压分油器将油从润滑脂内压出，然后测定压出的油量。

（20）将润滑脂装入特制的试验容器中，安装在离心器，在规定的试验温度、转速条件下，经过一定时间转动，测定分油的重量。该指标用于测定润滑脂在离心力的作用下油皂分离的程度。

（21）摩擦与磨损特性试验。用 SRV 试验机测定在选定温度下、高速旋转或存在发生启动、制动的高赫兹点接触压力条件下润滑脂的磨损特性和摩擦系数。

（22）橡胶相容性试验：通过测量与润滑脂接触的橡胶体积和硬度的变化或测量橡胶的拉伸强度变化来评定润滑脂与橡胶的相容程度。

2-9 润滑脂的主要品种有哪些？其特性如何？

答： 润滑脂中稠化剂的类型是决定润滑脂工作性能的主要因素。不同稠化剂制成的润滑脂如烃基脂、无机脂和有机脂等各具有不同的性能。这几类润滑脂的特性简述如下：

(1) 烃基润滑脂。以地蜡稠化基础油制成的润滑脂称为烃基润滑脂。具有良好的可塑性、氧化安定性和胶体安定性，不溶于水，遇水不产生乳化。其缺点是熔点低。烃基润滑脂主要用作防护作用。

(2) 皂基润滑脂。皂基润滑脂占润滑脂的产量90%左右，使用最广泛。最常使用的有钙基、钠基、锂基、钙-钠基、复合钙基等润滑脂。复合铝基、复合锂基润滑脂也占一定的比例，这两种脂是有发展前景的品种。

1) 钙基润滑脂。是由天然脂肪或合成脂肪酸用氢氧化钙反应生成的钙皂稠化中等粘度石油润滑油制成。

① 滴点在75~100℃之间，其使用温度不能超过60℃，如超过这一温度，润滑脂会变软甚至结构破坏不能保证润滑。

② 具有良好的抗水性，遇水不易乳化变质，适于潮湿环境或水接触的各种机械部件的润滑。

③ 具有较短的纤维结构，有良好的剪断安定性和触变安定性，因此具有良好的润滑性能和防护性能。

2) 钠基润滑脂。是由天然或合成脂肪酸钠皂稠化中等粘度石油润滑油制成。

① 具有较长纤维结构和良好的拉丝性，可以使用在振动较大、温度较高的滚动或滑动轴承上，尤其是适用于低速、高负荷机械的润滑。因其滴点较高，可以在80℃或高于此温度下较长时间内工作。

② 钠基润滑脂可以吸收水蒸气，延缓了水蒸气向金属表面的渗透，因此它有一定的防护性。

3）钙–钠基润滑脂。具有钙基和钠基润滑脂的特点。

① 有钙基脂的抗水性，又有钠基脂的耐温性，滴点在120℃左右，使用范围在90~100℃。

② 具有良好的机械安定性和泵输送性，可用于不太潮湿条件下的滚动轴承上。最常用的是轴承脂和压延机润滑脂，可用于润滑中等负荷的电机、鼓风汽车底盘、轮毂等部位滚动轴承。

4）锂基润滑脂。是由天然脂肪酸(硬脂酸或12–羟基硬脂酸)锂皂稠化石油润滑油或合成润滑油制成。由合成脂肪酸锂皂稠化石油润滑油制成的，称为合成锂基润滑脂。因锂基润滑脂具有多种优良性能，被广泛地用于飞机、汽车、机床和各种机械设备的轴承润滑。

① 滴点高于180℃，能长期在120℃左右环境下使用。

② 具有良好的机械安定性、化学稳定性和低温性，可用在高转速的机械轴承上。

③ 具有良好的抗水性，可使用在潮湿和与水接触的机械部件上。

④ 锂皂稠化能力较强，在润滑脂中添加极压、防锈等添加剂后，制成较多长寿命润滑脂，具有广泛用途。

5）复合钙基润滑脂。用脂肪酸钙皂和低分子酸钙盐制成的复合钙皂稠化中等粘度石油润滑油或合成润滑油制成。

① 耐温性好，润滑脂滴点高于180℃，使用温度可达到150℃左右。

② 具有良好的抗水性、机械安定性和胶体安定性。

③ 具有较好的极压性，适用于较高温度和负荷较大的

机械轴承润滑。

④ 复合钙基润滑脂表面易吸水硬化，影响它的使用性能。

6）复合铝基润滑脂。是由硬脂酸和低分子有机酸（如苯甲酸）的复合铝皂稠化不同粘度石油润滑油制成。具有良好的各种特性，适用于各种电机、交通运输业、钢铁企业及其他各种工业机械设备的润滑。

① 具有短的纤维结构，良好的机械安定性和泵送性，因其流动性好，适用于集中润滑系统。

② 具有良好的抗水性，可以用于较潮湿或有水存在的机械润滑。

7）复合锂基润滑脂。是由脂肪酸锂皂和低分子酸锂盐（如壬二酸、癸二酸、水杨酸和硼酸盐等）两种或多种化合物共晶体，稠化不同粘度石油润滑油制成。广泛应用于轧钢厂炉前滚道轴承、汽车轮轴承、重型机械、各种高温抗磨轴承以及齿轮、蜗轮、蜗杆等润滑。

① 具有高的滴点，具有耐高温性。

② 复合皂的纤维结构强度高，在高温条件下具有良好的机械安定性，有长的使用寿命。

③ 有良好的抗水淋特性，适于潮湿环境工作机械的润滑。

（3）无机润滑脂。主要有膨润土润滑脂及硅胶润滑脂两类。表面改观的硅胶稠化甲基硅油制成的润滑脂，可用于电气绝缘及真空密封。膨润土润滑脂是由表面活性剂（如二甲基十八烷基苄基氯化铵或氨基酰胺）处理后的有机膨润土稠化不同粘度的石油润滑油或合成润滑油制成，适用于汽车底盘、轮轴承及高温部位轴承的润滑，它具有以下特点：

① 膨润土润滑脂没有滴点，它的耐温性能决定于表面活性剂和基础油的高温性能，它的低温性能决定于选用的基础油类型，稠化剂的用量对脂的低温性能也有影响。

② 具有较好的胶体安定性，润滑脂的机械安定性随表面活性剂的类型而异。

③ 对金属表面的防腐蚀性稍差，因此润滑脂中要添加防锈剂以改善这个性能。

（4）有机润滑脂。各种有机化合物稠化石油润滑油或合成润滑油，各具有不同的特性，这些润滑脂大都作为特殊用途。如阴丹士林、酞青铜稠化合成润滑油制成高温润滑脂可用于 200~250℃；含氟稠化剂如聚四氟乙烯稠化氟碳化合物或全氟醚制成的润滑脂，可耐强氧化剂，作为特殊部件的润滑。聚脲润滑脂可用于抗辐射条件下的轴承润滑等。

聚脲润滑脂是由聚脲稠化剂稠化石油润滑油或合成润滑油制成，耐高温性能好，在 25~225℃宽温范围内脂的稠度变化不大，又由于稠化剂分子中不含金属离子，消除了高温下金属对润滑油的催化作用，所以氧化安定性好；脲基脂在 149℃，10000r/min 条件下轴承运转寿命超过 4000h。聚脲脂是近 10 年来迅速发展的一种广泛用途的产品，用于钢铁工业高洗部位的润滑，用于食品工业和电力、电子工业以及长寿命的密封轴承润滑。

2-10　润滑脂同润滑油比较有何区别？

答： 润滑脂和润滑油都是优良的润滑材料，但因其特性不同，使用时有所区别，不能完全互相替代，归纳起来，二者主要有以下区别：

润滑脂因其组份内有固体稠化剂存在，赋予整个体系一种不致自动流动的稠厚油膏状态用于机械摩擦部位润滑。

当机械运动部位处于静态时，润滑脂具有保持自身形状的能力，不致从部位流失或滴落下来，当处于动态时，也不因受重力或离心力的作用而泄漏或飞溅，润滑油不能满足这种要求。

润滑脂的粘度随温度变化比润滑油小，因此润滑脂的使用温度范围比润滑油宽，同时润滑脂的粘附性比润滑油好，涂抹在金属表面或机件上，在垂直放置或移动时不会自动流失，所以在敞开的或密封不良的摩擦部件和机械上应用优于润滑油。

润滑脂在机械摩擦部位润滑，当剪切应力增大时，润滑脂如同粘性液体一样，会发生流动即变形，润滑脂的这种特性决定了它具有良好的润滑和密封防护作用，而润滑油则不具备这种能力。

润滑脂因其本身结构的特点，具有耐高压性、使用寿命长、消耗量少、润滑设备结构简单。润滑油的耐压性差，所润滑的部位需要经常加油，耗油量也大，若循环供油，则需要密封系统，润滑设备结构也比较复杂，投资及占地面积也较大。此外润滑脂具有缓冲和减低噪音的作用，而润滑油在这方面差些。

润滑脂因本身呈固体或半流体状态，在润滑面的启动力矩比较大，相似粘度也比较大，流动性差些，在高速运转部位不如润滑油，在极高转速时(如 10000r/min)则不能使用润滑脂。又因为在高温下有相变化，且易氧化变质，同时润滑脂的移热和散热能力也较差，不像润滑油可以不断地带走摩擦表面由于磨损而出现的金属屑末和其他杂质，因而润滑脂的使用范围受到一定限制。

总之，润滑脂和润滑油相比各有优点。润滑脂在某些条件下是不能代替润滑油的，这一点绝不可忽视，但在许多工作条件下，用润滑脂代替润滑油后所带来的优点和好处也是不可否认的。

2-11　润滑脂润滑有哪些优缺点？

答：采用润滑脂润滑具有如下优点：

(1) 润滑脂不易流出、滴下、飞溅少，可防止污损机械制品，并适用于注油困难的润滑点。

(2) 润滑脂供脂机构简单，即密封装置简单，设计简易。

(3) 润滑脂和润滑油相比，给脂次数少，是经济的。

(4) 润滑脂适于长时间放置和继续使用的设备润滑，而且本身具有良好的性能。

(5) 润滑脂可以使用在宽温度范围，即使在温度变化范围大的地方也可以使用润滑脂润滑。

(6) 润滑脂本身具有密封作用，可防止灰尘等异物的混入。

(7) 润滑脂大部分品种具有良好的抗水性，即使在水存在下也可以使用。

(8) 润滑脂可以防止振动，且对噪音有减小的效果。

(9) 润滑脂中的脂肪酸皂能在金属表面形成吸附层，所以在高温、极压、低速、冲击、间歇运转、回转方向变化的轴承等苛刻条件下使用。

采用润滑脂润滑的缺点有：

(1) 润滑脂在润滑点上，由于内摩擦阻力较大，不适于在特高转速、精密微型轴承上使用。

(2) 润滑脂由于散热冷却性比较差，一般产生的温度略高。

(3) 润滑脂的填充、更换、洗净等操作困难。

(4) 润滑脂在温度高和剪切应力大条件下容易引起氧化和稠度的变化。

(5) 润滑脂在润滑部位具有抵制水和尘埃的混入的优点，但一旦混入就不易除去。

2-12　固体润滑材料是如何分类的？

答：利用固体粉末、薄膜和复合材料等，来代替润滑油脂隔离相互接触的摩擦面，以达到减少运动副接触表面间摩擦与磨损目的的材料，称为固体润滑材料。

目前国内机械工程常用的固体润滑材料是二硫化钼、石墨、聚四氟乙烯、聚酰胺等。固体润滑材料分类见表2-4。

表2-4　固体润滑材料分类

类　别	说　　明
软金属	许多软金属如Pb、Sn、Ba、Zn、Ag、An等在压力加工、辐照、真空、高温等条件下具有良好的润滑效果
金属化合物	金属氧化物，如PbO、Fe_3O_4等金属化合物都具有润滑效应，特别是在高温下效果更好 金属卤化物，如CaF_2、BaF_2、$CdCl_2$、$CoCl_2$、$CrCl_2$、$NiCl_2$、$CuBr_2$、CdI_2等 金属硒化物，如WSe_2、NoS_2、$NbSe_2$等 金属磷酸盐，如$Zn_3(PO_4)_2$等 金属硫酸盐，如Ag_2SO_4、Li_2SO_4等 有机酸盐。如各种金属脂肪酸皂等
其他无机化合物	石墨、氟化石墨、玻璃(在压力加工过程中呈熔融状态下起瞬时润滑作用)、滑石、云母(虽润滑性能差但电绝缘性好，在特殊情况下也有使用)、氮化硼等
固体有机化合物	蜡、固体脂肪酸和醇、联苯、各种颜料和染料(如阴丹士林、酞青)、各种树脂和塑料(聚四氟乙烯、聚酰胺、聚酰亚胺、聚甲醛、超高分子量聚乙烯、聚苯、酚醛树脂)等

2-13　固体润滑材料有什么特点？使用方法如何？

答：固体润滑材料的特点是：在机械工程使用固体润滑材料，能节约润滑油脂的消耗，节约有色金属和防止机械设备的介质泄漏。

固体润滑材料适用于：

（1）高温、高压下工作，如挤压、冲压、拉制、轧制等。

（2）低速运动部件，如机床导轨，可减少爬行。

（3）较宽的工作范围，如在液氮、液氧的低温下，仍能保持其工作性能。

（4）高真空运转的部件，可保证真空度，不沾染，防粘着。

（5）强辐照中运转的部件，可减少润滑剂的变质，保证部件的正常运转。

（6）需要防腐蚀的工况，它与环境介质、溶剂、燃料、助燃剂等不起反应，可用于酸、碱、海水等环境中工作部件的润滑。

（7）需要抗沾污能力好的情况下，可在不密封的、有尘土的环境中使用。

（8）避免油脂污染的场合，如食品、纺织、造纸、医药、印刷等机械上。

（9）油脂易被冲刷流失的环境，如在有水冲击或含有泥沙的水中润滑。

（10）给油很不方便的地方，或安装工作中不易接近及装卸困难的零部件。

使用固体润滑材料时，也有缺点，如摩擦系数一般比油、脂润滑时高；无冷却作用，不能带走摩擦热；因为是固体接触，磨损不可避免；在防锈、排出磨屑和润滑剂的补充方面效果也比不上油、脂润滑；固体膜附着在摩擦面不牢，易脱落，要经常保膜；润滑油中的固体润滑材料易沉淀，降低使用效果。

固体润滑材料使用方法见表 2-5。

表 2-5　固体润滑材料使用方法

类　型	使用方法	说　明
固体润滑剂粉末	固体润滑剂粉末分散在气体、液体或胶体中	(1) 分散在润滑油(油剂与油膏)、切削液及各种润滑脂中 (2) 将固体润滑剂均匀分散在硬脂酸、石蜡等内部,成为固体润滑蜡笔 (3) 运转时将粉末随气体输送到摩擦面
固体润滑膜	借助人力或机械力等将固体润滑剂擦到摩擦表面上,构成薄膜	将粉末与挥发性溶剂混合后,以喷涂和涂抹、机械加压等方法固定在摩擦面上
	用粘结剂粘结固体润滑剂粉末构成薄膜	用各种合成树脂、无机物或金属陶瓷粘结在金属表面上
	用特殊方式形成固体润滑膜	(1) 用真空沉积、溅射、火焰喷镀、离子喷镀、电泳、电沉积、烧结等方法形成固体润滑膜 (2) 用化学反应方法(供给适当的气体或液体)在金属表面上形成固体润滑膜 (3) 热挤压时用玻璃作为润滑剂,常温时为固体,使用时熔化而起润滑作用 (4) 用薄膜作衬垫
自润滑复合材料	将固体润滑剂粉末与其他固体材料相混合	(1) 与塑料相混合、压制、烧结为塑料抗磨材料 (2) 与金属粉末相混合、压制、烧结为金属抗磨材料 (3) 与金属-塑料粉混合、压制、烧结为金属-塑料抗磨材料 (4) 在多孔性材料中浸入固体润滑剂
自润滑材料	将固体润滑剂压制成材作为摩擦面	(1) 由压制、浸渍(树脂、金属、陶瓷)、烧结、切削加工而成 (2) 用金属衬来加强 (3) 镶嵌在金属表面

2-14　二硫化钼产品有哪几种？其用途如何？

答：二硫化钼产品主要有粉剂、油剂、油膏、水剂、蜡笔、润滑脂和利用粉剂制成的固体润滑膜等，其用途分述如下：

（1）二硫化钼粉剂

1）添加于润滑油、润滑脂和切削液中，以改善它们的润滑性和极压性。

2）添加于尼龙 1010、尼龙 66、聚甲苯、聚四氟乙烯等材料中，制成自润滑材料的机械零件。

3）和酒精等混合，涂刷于巨型螺栓副、大型轴类零件、轴承、轴套上，可避免因咬死、锈蚀等原因而造成的装卸困难，使装卸省力方便。

4）可用作锻模脱膜剂。

（2）二硫化钼油剂(二硫化钼粉剂+润滑油等混合而成)

1）可提高润滑油的极压性和润滑性。

2）减少机械副的磨损和噪音。

3）延长润滑油使用寿命。

（3）二硫化钼油膏(二硫化钼粉剂+汽缸油等调和而成)

1）用于重型、大型机床的导轨润滑，可防止爬行、振动。

2）涂于齿轮副表面。取代稀油润滑。

3）用于齿轮箱，防止漏油。

（4）二硫化钼水剂(二硫化钼粉剂+肥皂粉+树胶+水等配制而成)，用作金属切削液，对难切削材料(如不锈钢等)，具有显著功效，可以提高工作的表面光洁度、精度和延长刀具使用寿命。

（5）二硫化钼蜡笔(二硫化钼粉剂+蜡笔+硬脂酸等配制

而成)，涂于刀具(锯片、钻头等)表面，可延长刀具寿命2~4倍，降低工作表面粗糙度数值，尤其对难切削材料效果更显著。

(6) 二硫化钼固体润滑膜，主要用于齿轮副、精度一般的变速箱等，代替液体润滑油润滑。使用时必须将齿轮清洗干净，毫无油污，然后磷化或喷砂，形成齿轮表面细密小孔，再涂上本品，在烘箱中保温(150~170℃)3h后，再涂一次，工作3个月后再涂一次，以后视涂层情况每半年涂一次。

(7) 二硫化钼润滑脂(二硫化钼+锂基脂或复合铝基脂等)。具有良好的极压性能，用于高温、高负荷下的冶金、化工机械设备等的润滑。

2-15 石墨产品有哪几种？其用途如何？

答：石墨产品主要有胶体石墨水剂、铝合金脱膜石墨乳、锻压石墨乳、石墨润滑脂等，其用途分述如下：

(1) 胶体石墨水剂又称石墨乳

1) 作为拉制难熔金属(如钨丝、钼丝等)和有色金属管材(如钛管、铜管和铝管等)的润滑剂。

2) 作为在高温下压铸有色金属薄片的涂膜剂。

3) 作为过热蒸汽站、蒸汽汽缸、透平螺旋浆隔热剂。

4) 作为机械零件增加导电性能、在高温下隔热、增强化学惰性、不致沾着和浸透的高温(600℃)润滑材料。

(2) 铝合金脱膜石墨乳专供铝合金脱膜用。

(3) 锻压石墨乳，又称热膜锻水基石墨，专供工作温度达600~1050℃的热膜锻润滑、冷却、绝热、脱膜用。可改善劳动条件，提高模具寿命，降低生产成本。

（4）石墨润滑脂，作为较高温度下机械运动副的润滑材料。

2-16　合成润滑材料有什么特点？

答：矿物润滑油脂是将原油通过蒸馏、萃取、脱蜡等物理方法和加氢等化学方法，精制而得。合成润滑材料是以石油、煤、油脂等作为基本原料，通过复杂的化学反应转化而得，合成润滑材料是具有一定化学结构的单一物质，或者是多种单一物质的混合物。它具有一系列的优点，如良好的粘温性、安定性、凝固点低、热挥发少、润滑性好、极压性好、抗辐射、抗燃性等，是国防、航天、原子能工业等用得较好润滑材料，也是特殊情况（如工作温度高达400℃以上，低于-20℃以下等）下机械运动副的良好润滑材料。其缺点是制取工艺复杂，生产成本高，价格昂贵。

2-17　防锈油脂分哪几类？

答：防锈油、防锈脂是由基础油脂中添加油溶性防锈剂和其他辅助剂组成。它的分类，如按其用途可分为：工序间防锈油、长期封存防锈油和脂、防锈和润滑两用油。两用油又可分为：内燃机防锈润滑油、液压设备防锈润滑油、防锈机械油、防锈仪表油等。如按其状态可分为：液体防锈油、溶剂稀释型防锈油、防锈脂三类。一般来讲，按后者方法分类较好。但不管按什么分都不严格，因为有的油品兼有几种用途，而同种用途的油品又可能有不同的状态。为了比较清楚说明这个问题，图2-1以状态分类为主，并结合用途分类方法来划分防锈油脂的品种。

- 防锈油脂
  - 液体防锈油
    - 工序间防锈油
    - 封存用防锈油
      - 全浸型
      - 涂覆型
    - 防锈、润滑两用油
      - 内燃机用润滑防锈油
      - 液压设备用润滑、防锈油
      - 防锈仪表油
      - 防锈机械油
    - 气相防锈油
  - 稀释型防锈油
    - 用石油溶剂稀释
      - 硬膜防锈油
      - 软膜防锈油
    - 用水稀释(乳化型防锈油)
  - 防锈脂
    - 常温涂覆脂
    - 加温涂覆脂

图 2-1　防锈油脂分类

2-18　常用的润滑油添加剂有哪几种？其主要用途如何？

答：润滑油是由基础油+添加剂组成，基础油在很多情况下满足不了各种设备的润滑要求，因此为了使润滑油具备设备所需要的性能，人们研制或选用多种具有特殊性能的化合物添加到基础油中去，这些化合物就是添加剂。润滑油质量的优劣决定于基础油的精制水平和添加剂的品种、质量，润滑油添加剂大都是各种有机化合物，为了达到应有的效能，添加剂必须能很好地溶于油中，在储存及使用时稳定，不易发生变化。并且不损坏润滑油的其他性能。现将常用的润滑油添加剂种类分述如下：

(1) 清净分散剂。

清净分散剂可细分为清净剂和分散剂，它是润滑油添加剂中最主要的添加剂之一，更是发动机油必须的添加剂。

清净剂在高温运转条件下能够防止或抑制机油氧化而生成沉积物，并且能够把在活塞及汽缸壁上形成的漆膜和积炭洗涤下来，从而使发动机内部表面保持清洁。此外清净剂多是碱性物质，能够中和因燃料燃烧后生成的硫、氮氧化物遇到同时产生的水分所生成的各种酸，保护发动机免受这些酸的腐蚀。

分散剂能够吸附在较低的运转温度下形成的油泥，防止其凝聚成油泥沉积物，并使其分散开来，悬浮于机油中。这时虽然机油的颜色会变深，但不会堵塞机油管路和滤清器，也不会使机油的粘度上升。

(2) 抗氧化添加剂。

润滑油的抗氧剂类型较多，如酚型、胺型、硫磷酸盐型、硼酸脂型等。抗氧剂按其作用基理可分为自由基中止型和过氧化物分解型；按其使用温度分，可分为一般抗氧剂和高温抗氧剂；按其应用可分为抗氧防胶剂，用于防止油品在厚油层条件下的氧化，抗氧防腐剂，用于防止油品在薄层条件下的氧化，我国的抗氧剂就是按此分类的，抗氧防胶剂。其典型代表是2,6-二叔丁基对甲酚，广泛用于变压器油、汽轮机油、液压油、通用机床油和某些工艺用油。这种抗氧化剂能够提高润滑油的氧化安定性，延长油品的使用寿命和防止胶状沉淀物的生成。如果与金属钝化剂复合使用效果更好，该剂的最高使用温度为120℃左右，过高温度即分解失效。

抗氧防腐剂。主要用于内燃机油等高温与氧接触的润滑油，作用是提高润滑油的热氧化安定性好，防止金属摩擦面的腐蚀，延长润滑油和机器的使用寿命，常用的是二烷基二硫代磷酸锌。

抗氧化剂除具有优良的抗氧化能力外，还具有优良的防腐蚀、抗磨损性能，与清净分散剂复合使用，可以配制出高质量的内燃机油。

(3) 降凝剂

油品发生凝固主要有两方面的原因：一是油品随粘度的下降，粘度不断增加，温度下降到一定程度，也就使粘度最大到使油品很难流动时，就可以说是“凝固”了。另一种是油品常常在粘度增大到很难流动前，就由于其中所含的蜡在温度下降时不断析出并呈片状和针状结晶，在油品中相互连接而形成三维网状结构，吸附和包住了那些仍能流动的油，造成了油品整体上的凝固，可以说油品的凝固经常就是由于其中的蜡结晶而造成的。降凝剂实际上是一些和蜡结构相似的烃类，其作用是吸附于油中蜡的表面上而改变蜡结晶的增长方向，阻止其网状结构的增长，破坏结晶的结构，使之成为微小的、不影响油品流动的结晶。常用的降凝剂有：烷基萘、聚甲基丙烯酸脂、聚 α-烯烃等。

(4) 粘度添加剂(粘度指数改进剂)

粘度添加剂加入油品后可以增加油品的粘度,也可以改善油品的粘温性能。它是一些油溶性适度的链状高分子聚合物,在油中呈不规则的线团状,随着基础油的种类及所受温度的不同,其分子可采取线状伸胀或收缩的状态存在,如当温度上升、基础油粘度下降时,粘度添加剂在油中的溶解度增大,棉纱状的聚合物松开,体积变大,从而增大油品流动的阻力,也就意味着增加了油品的粘度,起到了增加粘度指数的作用。目前常用的粘度添加剂有:聚异丁烯、乙烯丙烯共聚物、聚甲基丙烯酸脂、聚乙烯基正丁基醚和苯乙烯共聚物等。

(5) 油性添加剂

“油性”是由于润滑油中极性化合物的吸附而产生的一种减少摩擦和磨损的效果，这种极性化合物我们称为油性剂。油性剂多数是由长链烃和极性基团组成，它的极性基能与摩擦金属表面发生物理的或化学的吸附(脂肪酸类化合物能和金属表面发生化学吸附形成暂时性的脂肪酸金属皂)，形成比较坚固而致密的单分子或几个分子的薄层，使金属之间的滑动具有很低的摩擦系数，并降低磨损。油性剂一般只能在载荷和冲击振动不很大、温度不很高的条件下有效果，当摩擦部件的温度达到150℃、载荷接近25MPa时会脱附而失去油性作用，需采用极压抗磨剂解决。

(6) 极压抗磨剂

极压抗磨剂是一种能在油性剂已失效的苛刻条件下起到润滑作用的添加剂，一般该添加剂在高温、高速、高载荷或低速、高载荷、冲击载荷时，能放出活性元素与金属表面起化学反应，形成低熔点、高塑性的反应膜。反应膜使金属表面凸起部分变软，减少碰撞时的阻力，同时由于塑性变形和磨屑填平了金属表面的凹坑，增加了接触面积，降低了接触面的单位负荷，减少了摩擦和磨损，化学反应膜有较高的强度，能承受较重的载荷，可减少磨损，防止胶合烧结等。目前常用的极压抗磨剂主要是硫、磷、氯等的有机极性化合物。其中硫型极压剂主要适用于高速、冲击载荷，有良好的抗擦伤、抗烧结的极压性能，磷型极压抗磨剂具有良好的抗磨抗擦伤性能，尤其适用于低速高载荷的条件，氯型极压抗磨剂具有较强的物理吸附性能，能在较高温度下与金属反应生成化学反应膜，这三类添加剂都不同程度存在腐蚀的可能性，如果油品调配不当就会产生腐蚀及腐蚀性磨损的隐患，因此在油品配合时需要控制好添加剂之间的极压抗磨、腐蚀和防腐的平衡关系。

(7) 防锈剂

防锈剂是一种带有极性基的表面活性剂，其作用是：防锈剂在一定温度下(如100℃以下)优于其他物质(包括水剂其他添加剂)与金属表面牢固吸附，形成隔膜以防止水分及空气的侵入；对油相中的水滴，能被防锈剂的乳化层或吸附层溶解，从而防止水分与金属表面接触；使已在金属表面上吸附的水分受防锈剂的作用而被防锈剂所置换。一般润滑油采用的防锈剂有：磺酸盐类如磺酸钡、钠、钙等；羧酸及其盐类和酯类如烯基丁二酸及环烷酸、环烷酸锌等；磷酸及磷酸胺盐；胺类等。

一些酸性物质会加剧金属生锈，但是某些防锈剂也是酸性较高的酸性化合物，它们的酸性不会造成金属的生锈，而恰恰是起到防锈作用的有效成分，因此在判定油品的酸值时应注意防锈剂的问题。

(8) 防腐蚀剂

防腐蚀剂是用来防止油品本身和油品氧化变质的物质以及像极压添加剂那样与金属反应活性大的物质。防腐蚀剂主要作用是一是钝化酸性物，与油中能生成腐蚀性物质的活性基因发生反应，从而阻止腐蚀性物质的形成以防止腐蚀；二是形成金属表面的防腐蚀覆膜，起到防腐蚀作用。常有一些加有此类防腐蚀剂的油会使金属变色，则是因为防腐蚀覆膜形成的缘故而非金属被腐蚀。

(9) 抗泡沫剂

抗泡沫剂的作用是破坏泡沫，缩短泡沫存在的时间。作为抗泡沫剂必须具备：不溶或能溶于油；应有扩张性、分子间作用力小，和发泡分子有某种程度的亲和性；充分分散于油中。抗泡沫剂的作用原理是：吸附在油的表面上防止泡沫产生；附着于部分泡沫膜上或从局部侵入泡沫膜，使泡沫膜的局部表面张力下降或局部膜变薄，然后破裂；破坏泡沫膜固有的稳定性，缩短泡沫存在的时间。目前最常用和有效的抗泡沫剂是二甲基硅油，但此剂会恶化油品的空气释放能力，在液压油中使用要慎重。

除上述九种添加剂外还有其他添加剂如破乳化剂、润滑剂、防霉剂、金属钝化剂、摩擦改进剂等。

2-19 什么是润滑油的调合？调合后混合油的性质有哪些变化？

答：调合是润滑油制备过程的最后一道工序。按照油品的配方，将润滑油基础油和添加剂按比例、顺序加入调合容器，用机械搅拌或压缩空气搅拌、泵抽送循环、管道静置混合等方法调合均匀，然后按照产品标准采样分析合格后即为正式产品。许多牌号的润滑油产品常常是利用两种或两种以上不同粘度的基础油按一定比例(该比例常称为调合比)混合调制而成，基础油的调合是润滑油产品调制的基础。

调合后混合油的性质有如下变化：

(1) 不同粘度的油料混合后，其粘度不是加成关系，而因由下式计算：

$$\lg \nu = n_A \lg\nu_A + n_B \lg\nu_B$$

式中 ν、ν_A、ν_B——分别为混合油、A组分油、B组分油的粘度，mm^2/s；

n_A、n_B——分别为A组分油、B组分油的混合比例。

(2) 不同闪点的组分油混合成的油品闪点，一般是偏向低闪点分组油的闪点，即呈闪点下降现象。

(3) 不同凝点的组分油混合成的油品凝点，一般是偏向高凝点组分油的凝点，即呈凝点上升现象。

(4) 不同粘度指数的组分油混合成的油品的粘度指数，一般都偏向高粘度指数组分油的粘度指数，在一定范围内还表现出一定的可加性，即呈粘度指数上升现象。

(5) 不同油性的组分油混合成的油品，其油性大体上呈算术平均值的直线关系。

(6) 混合油的其他一些指标如酸值、杂质、残碳等为可加性指标。

第3章　润滑材料的选用

3-1　*如何选用润滑油?*

答: (1) 根据机械设备的工作条件选用

1) 载荷。载荷大，应选用粘度大、油性或极压性良好的润滑油。反之，载荷小，应选用粘度小的润滑油，间歇性的或冲击力较大的机械运动，容易破坏油膜，应选用粘度较大或极压性能较好的润滑油。

2) 运动速度。设备润滑部位摩擦副运动速度高，应选用粘度较低的润滑油。若采用高粘度反而增大摩擦阻力，对润滑不利。低速部件，可选用粘度大一些的油，目前国产中负荷、重负荷工业齿轮油都加有抗磨添加剂的情况下，也不必过多地强度高粘度。

3) 温度。温度分环境温度和工作温度。环境温度低，选用粘度和倾点较低的润滑油，反之可以高一些。工作温度高，则选用粘度较大、闪点较高、氧化安定性较好的润滑油，甚至选用固体润滑剂，才能保证可靠润滑。至于温度变化范围较大的润滑部位，还要选用粘温特性好的润滑油。

4) 环境、温度及与水接触情况。在潮湿的工作环境里，或者与水接触较多的工作条件下，应选用抗乳化较强、油性和防锈性能较好的润滑油。

(2) 润滑油名称及其性能与使用对象要一致

1) 油名。国产润滑油不少是按机械设备及润滑部位的名称命名，如汽油机油、汽轮机油、齿轮油等，油名选对是首要的，但要考虑不同生产厂生产的油品质量也有所不同。

2）粘度。选用润滑油，首先要考虑其粘度。润滑油的粘度不仅是重要的使用性能，而且还是确定其牌号的依据。过去国产润滑油大部分按其在50℃或100℃时的运动粘度值来命名牌号的，现在与国外一致，工业用润滑油按40℃运动粘度中心值来划分牌号，必须注意40℃的新牌号与50℃的就牌号的换算。润滑油的粘度，与机械设备的运转关系极大。一般说，粘度有些变化，或稍大一些或小一些，影响不大。但如选用粘度过大或过小的润滑油，就会引起不正常的磨损，粘度过高，甚至发生卡轴、拉缸等设备事故。

3）倾点。一般要求润滑油的倾点比使用环境的最低温度低5℃为宜，并应保证冬季不影响加油使用。因此，如限于华南地区使用，不必选用倾点很低的油品，以免造成浪费。

4）闪点。闪点有两方面意义，一方面反应润滑油的馏分范围；另一方面也是一个反映油品安全性的指标。高温下使用的润滑油，如压缩机油等，应选用闪点高一些的油，一般要求润滑油的闪点比润滑部位的工作温度高20～30℃为宜。

（3）参考设备制造厂的推荐选油

对于引进的设备，一般推荐很多公司的油品，可以参考国外设备厂商推荐的油品类型、质量水平等选用国外水平相当的产品，目前在国内，已能够生产与国外相对应的各种类型的润滑油品，一些油品的质量水平已达到国际同类产品水平。因此，进口设备用油要立足国内，这样，不仅为国家节省大量外汇，而且也能为企业增加效益。个别润滑品种，国内实在还未开发的，才考虑向国外公司进口。

3-2 我国内燃机油是如何进行质量分类的？

答：我国内燃机油质量分类见表3-1。

表3-1 我国内燃机油质量分类(GB/T 7631.3—1995)

应用范围	品种代号	特性和使用场合	牌号
汽油机油	SA(废除)	用于运行条件非常温和的老式发动机,该油品不含添加剂,对使用性能无特殊要求	
	SB(废除)	用于缓和条件下工作的货车、客车或其他汽油机,也可用于要求使用API SB级油的汽油机,仅具有抗擦伤、抗氧化和抗轴承腐蚀性能	
	SC	用于货车、客车或其他汽油机以及要求使用API SC的汽油机。可控制汽油机高低温沉积物及磨损、锈蚀和腐蚀	5W/20、10W/30、15W/40、30、40
	SD	用于货车、客车和某些轿车的汽油机以及要求使用API SD、SC级油的汽油机。此种油品控制汽油机高低温沉积物、磨损、锈蚀和腐蚀的性能优于SC,并可替代SC	5W/30、10W/30、15W/40、20/20W、30、40
	SE	用于轿车和某些货车的汽油机以及要求使用API SE、SD级油的汽油机。此种油品的抗氧化性能及控制汽油机高温沉积物、锈蚀和腐蚀性能优于SD和SC,并可替代SD和SC	5W/30、10W/30、15W/40、20/20W、30、40
	SF	用于轿车和某些货车的汽油机以及要求使用API SF、SE及SC级油的汽油机。此种油品的抗氧化和抗磨损性能优于SE,还具有控制汽油机沉积、锈蚀和腐蚀的性能,并可替代SE、SD和SC	5W/30、10W/30、15W/40、30、40

续表

应用范围	品种代号	特性和使用场合	牌　号
汽油机油	SG	用于轿车、货车和轻型卡车的汽油机以及要求使用 API SG 级油的汽油机。SG 质量还包括 CC(或 CD)的使用性能。此种油品改进了 SF 级油的控制发动机沉积物、磨损和油的氧化性能,并具有抗锈蚀和腐蚀性能,并可代替 SF、SF/CD SE 或 SE/CC	5W/30、5W/40、10W/30、10W/40 15W/40
	SH	用于轿车、货车和轻型卡车的汽油机以及要求使用 API SH 级油的汽油机。SH 质量在汽油机磨损、锈蚀、腐蚀及沉积物的控制和油的氧化方面优于 SG,并可替代 SG	5W/30、5W/40、10W/30、10W/40 15W/40
柴油机油	CA(废除)	用于优质燃料、从轻到中负荷下运行的柴油机以及要求使用 API CA 级油的发动机,有时也用于运行条件温和的汽油机。具有一定的高温清洁性和抗氧抗腐性	
	CB(废除)	用于燃料质量较低、从轻到中负荷下运行的柴油机以及要求使用 API CB 级油的发动机,有时也用于运行条件温和的汽油机。具有控制发动机高温沉积物和轴承腐蚀的性能	
	CC	用于在中及重负荷下运行的非增压、低增压或增压式柴油机,并包括一些重负荷汽油机。对于柴油机具有控制高温沉积物和轴瓦腐蚀的性能,对于汽油机具有控制锈蚀、腐蚀和高温沉积物的性能,并可替代 CA、CB 级油	5W/30、5W/40、10W/30、10W/40 15W/40 20W/40、30、40、50
	CD	用于需要高效控制磨损及沉积物或使用包括高硫燃料的非增压、低增压或增压式柴油机以及国外要求使用 API CD 级油的柴油机。具有控制轴承腐蚀和高温沉积物的性能,并可替代 CC 级油	5W/30、5W/40、10W/30、10W/40 15W/40 20W/40、30、40

续表

应用范围	品种代号	特性和使用场合	牌　号
柴油机油	CD-Ⅱ	用于需要高效控制磨损及沉积物的重负荷二冲程柴油机以及要求使用 API CD-Ⅱ级油的发动机,同时也可满足 CD 级油性能要求	
	CE	用于在低速高负荷和高速高负荷条件下运行的低增压和增压式重负荷柴油机以及要求使用 API CE 级油的柴油机,同时也可满足 CD 级油性能要求	10W/40、15W/40 20W/50、40、50
	CF-4	用于高速四冲程柴油机以及要求使用 API CF-4 级油的柴油机,在油耗和活塞沉积物控制方面性能优于 CE 并可替代 CE,此种油品特别适用于高速公路行驶的重负荷卡车	10W/40、15W/40 20W/50、40、50

3-3　如何选用内燃机油?

答：内燃机油的选用主要从质量等级和粘度牌号两方面进行。

(1) 质量等级的选择

质量等级选择的原则是：根据内燃机制造商的推荐、内燃机的机械负荷和热负荷、工作条件的苛刻程度、机油容量、燃料性质等来确定。

1) 根据内燃机制造商推荐选油。汽车制造商在汽车出厂时，都会对内燃机润滑油的使用作严格的试验，并会在出厂说明书中推荐选用的内燃机油，这是内燃机油选用的首要依据，但这只是选油的一般要求，还必须考虑市场可供润滑油的质量水平和使用情况，在使用特别苛刻时用油等级要提高。

2）根据内燃机的机械负荷和热负荷选油。内燃机的机械负荷和热负荷也是选油的重要依据，如根据压缩比、发动机附设装置选择汽油机油质量等级，根据强比系数选择柴油机油质量等级。汽油机油和柴油机油质量选择参考表3-2、表3-3。

表 3-2　汽油机油质量等级选择参考表

压缩比	发动机附设装置	质量等级	说　明
<7		SC	
7~8	PCV 阀（曲轴箱强制换气）	SD	
8~10	EGR 装置（废气循环）	SE	
10 以上	EGR 装置、废气催化转换器	SF/SG	无铅汽油
10 以上	蜗轮增压装置、废气催化转换器	SF/CC、SG/CD、SH 及 SH 以上	无铅汽油

表 3-3　柴油机油质量等级选择参考

平均有效压力 Pe/MPa	强化系数 K_ϕ	质量等级	说　明
$P_e<0.8$	$K_\phi<30$	CA、CC	柴油硫含量大于0.95%用 CB 级
$0.8<P_e<1.0$	$30<K_\phi<50$	CC	
$1.0<P_e<1.5$	$50<K_\phi<80$	CD	
$P_e>1.5$P	$K_\phi>80$	CE、CF	

注：1. 该表适应柴油硫含量为 0.4%以下，当柴油硫含量为 1.0%以上时选用的质量应提高一档。

2. 强化系数 K_ϕ 求法：　　$K_\phi=P_e\cdot C_m\cdot Z$

式中　K_ϕ——柴油发动机的强化系数；

P_e——汽缸平均有效压力，MPa；

C_m——活塞平均线速度，m/s；

$$C_m=(2\cdot s\cdot n)/60=(s\cdot n)/30$$

式中　s——活塞行程，m；

n——发动机每分钟转数，r/min；

Z——冲程系数，四冲程 $Z=0.5$，二冲程 $Z=1$。

3. P_e 的求法：　　$N_e=38.47D^2\cdot C_m\cdot P_e\cdot K\cdot Z$

式中　N_e——发动机的有效功率，kW；

D——汽缸直径，mm；

K——汽缸数。

3）根据工况条件选油。以上提到厂商推荐选油的一般原则和选油参考，在工况比较缓和时，如一般公务用车、私家车可根据上述原则选油，有时也可选油低一等级的油。但在苛刻条件下或恶劣环境下，必须按照上述原则选油，有时还要提高一个档次选油。国外还规定五种情况为苛刻工作条件，符合其中之一者，用油要考虑提高一个档次或缩短换油周期。五种情况为：汽车处于停停开开使用状态，易产生低温油泥；长时期低温低速(温度0℃，速度16km/h以下)行使，易产生低温沉积；长时间在高温、高速下工作，尤其是满载长距离行使；2t以上的牵引车，满载长时间行使；灰尘大的场所。

（2）粘度牌号选择

粘度是内燃机油的重要指标，当质量等级确定后，选择合适的粘度就显得更为重要。由于粘度过大或过小引起能源的浪费，磨损、擦伤甚至更严重的润滑事故也常有发生，因此为了节约能源，保护设备必须选择合适的粘度牌号。粘度牌号的选用原则有：

1）根据地区、季节气温选用。冬季寒冷地区，选用粘度小、倾点低的油或多级油，夏季或全年气温较高的地区，选用粘度适当高些的油。如表3-4所示。

表3-4 粘度等级与使用的大致气温范围

粘度等级	使用的大致气温范围/℃	粘度等级	使用的大致气温范围/℃
5W	-30～-5	15W/30	-15～35
5W/30	-30～20	15W/40	-10～40
5W/30	-35～35	20W	-10～20
10W	-20～10	20W/40	-10～40
10W/20	-20～20	20	-10～20
10W/30	-25～35	30	0～40
15W	-15～10	40	20～

2）根据载荷和转速选用。载荷高、转速低一般选用粘度较大的机油；载荷低、转速高一般选低粘度机油。如中载荷的大型柴油机，当活塞速度 7～8m/s 时，应用 100℃粘度 10～12mm^2/s；高载荷的大型柴油机，当活塞速度 8～10m/s 时，应用 100℃粘度 12～16mm^2/s；小型高速柴油机冬天应用 100℃粘度 6～8mm^2/s，夏天应用 10～12mm^2/s。

3）根据内燃机的磨损情况选用。新内燃机应选用粘度较小的油，而磨损大(间隙增大)的内燃机则应选用粘度较大的油。

在保证润滑条件下，尽量选用低粘度的油，应提倡推广多级油，新一代油品因为都具有较好的抗磨性(加入减磨剂)，所以保持最低的润滑粘度不会引起故障，在国外，为了节约能源，使用低粘度(或多级油)非常广泛。

3-4 液压油是如何分类的？

答：国际标准化组织(ISO)把液压油用 H 来表示，分为易燃的烃类油、抗燃液压油两大类，每一大类又分为若干类见表 3-5、表 3-6。我国液压油粘度牌号划分是用 40℃运动粘度的某一中心值为粘度牌号，共分为 8 个牌号，见表 3-7。

表 3-5 易燃的烃类液压油 ISO 分类

用油系统	ISO 分类符号	组成和特性	主要用途
流体静力学系统用油	HH	不含任何添加剂的矿物润滑油	
	HL	具有防锈、抗氧性的精制矿物润滑油	用于通用性机床液压箱和齿轮箱，轻载荷机械的润滑

续表

用油系统	ISO 分类符号	组成和特性	主要用途
流体静力学系统用油	HM	具有抗磨性的 HL 型油品，不仅具有 HL 油的全部特性，而且具有良好的抗磨性能	用于要求抗磨性能较高的中、高压液压系统
	HR	具有更好的粘温特性的 HL 型油品	用于要求高粘度指数的低、中压液压系统
	HV	具有更好的粘温特性的 HM 型油品	用于要求高粘度指数的中、高压液压系统
	HG	具有更好的防粘滑性(防爬性)的 HM 型油品	用于既有液压传动又有滑动面的系统
	HS	以合成烃为基础油，具有较低的倾点和良好的粘温特性	用于特殊环境及高寒地区作业
流体动力学系统用油	HA		用于自动变速齿轮箱
	HN		用于联轴节和变矩器

表 3-6　抗燃液压油 ISO 分类

ISO 分类符号	组成和特性	主要用途
HFA	水包油乳化液，可分为：无抗磨性(HFAL)和有抗磨性(HFAM)	用于钢铁厂、矿山及其他要求抗燃性的工业
HFB	油包水乳化液，可分为：无抗磨性(HF-BL)和有抗磨性(HFBM)	
HFC	水-乙二醇(水、聚合物)可分为：无抗磨性(HFCL)和有抗磨性(HFCM)	
H(F)DR	不含水的磷酸脂	
H(F)DS	不含水的卤代烃	
H(F)DT	不含水的卤代烃与磷酸脂混合物	
H(F)DU	不含水的其他合成液压油	

表 3-7　液压油粘度等级(牌号)

粘度级（新牌号）	40℃运动粘度/（mm^2/s）	相当于旧牌号（50℃运动粘度）	ISO 粘度级
10	9.00~11.0	7	VG10
15	13.5~16.5	10	VG15
22	19.8~24.2	15	VG22
32	28.8~35.2	20	VG32
46	41.4~50.6	30	VG46
68	61.2~74.8	40(上限接近 50)	VG68
100	90.0~110	50，70(下限接近 50，上限接近 70)	VG100
150	135~165	90	VG150

3-5　如何选用液压油?

答：选用液压油主要依据液压系统的工作环境、工作条件及液压油的特性，选择合适的液压油品种和粘度。

（1）液压油品种的选择

1）根据液压系统的环境和工作条件选择液压油(如表 3-8)。

表 3-8　根据环境和工作条件选择液压油

环境＼工况	压力：7.0MPa 以下　温度：50℃以下	压力：7.0~14.0MPa　温度：50℃以下	压力：7.0~14.0MPa　温度：50~80℃	压力：14.0MPa 以上　温度：80~100℃
室内、固定液压设备	HL	HL 或 HM	HM	HM
露天、寒冷和严寒区	HR	HV 或 HS	HV 或 HS	HV 或 HS
地下，水上	HL	HL 或 HM	HL 或 HM	HM
高温热源或明火附近	HFAE，HFAS	HFB，HFC	HFDR	HFDR

2）根据油泵的类型选油。一般而言，齿轮泵对液压油的抗磨要求要比叶片泵、柱塞泵低，因此齿轮泵可选用 HL 或

HM 油，而叶片泵、柱塞泵一般则选用 HM 油。

3）根据液压油的特性及液压元件的材质选油。

① 含锌油在钢-钢摩擦体上性能很好，但由于含有硫（Zn—P—S）对铜、银敏感，因此在含有铜、银材质部件的系统不能用，水易侵入的系统也尽量少用。

② 无灰抗磨油（S—P—N 系）具有良好的水解安定性、破乳化性和可滤性，使用范围较广，因含硫对铜、银材质部件系统不适应。

③ 仅含磷的抗银液压油是具有中负荷水平的抗磨液压油，其水解安定性、破乳化性和可滤性也不错，由于不含硫的抗磨剂，所以对银系统无伤害。

④ 液压系统中有铝元件，不能选油 pH>8.5 的碱性液压油。

（2）液压油的粘度选择。

在液压油品种选择确定后，还必须确定其使用的粘度等级。粘度选得太大，液压损失大，系统效率低，油泵吸油困难。粘度太小，油泵内渗漏量大，容积损失增大，同样会使系统效率下降，因此必须针对系统、环境选择一个适宜的粘度，使系统在容积效率和机械效率之间求最佳平衡。

液压油的粘度选择主要取决于启动、系统的工作温度和所用泵的类型。一般中、低压室内固定液压系统的工作温度比环境温度高 30~40℃，在此温度下，液压油应具有 13~16mm^2/s 的粘度，粘度低于 10mm^2/s 就会加大磨损，粘度指数在 90 以上就可以满足要求。在户外高压机具的液压系统中（大于 20MPa），工作温度要比环境温度高 50~60℃，为减少渗漏，工作粘度最好在 25mm^2/s，同时考虑户外温差变化大，因此要求液压油具有较好的粘温特性，粘度指数一般在 130 以上。

为防止泵的磨损，必须限定最低粘度。齿轮泵系统用油最低粘度通常在 $20mm^2/s$，叶片泵系统用油 $\geqslant 10mm^2/s$，柱塞泵系统用油 $\geqslant 8mm^2/s$。必要时在系统的回油线上安装冷却器，维持一定的油温，保证泵对油品粘度的要求。液压油的最大粘度限度是由长期停置后的系统启动温度和使用泵的类型所限定，不同要求的泵要求不同，参见表 3-9。

表 3-9　不同类型泵满足运行的粘度限度

泵　型	最高粘度/(mm^2/s)	最低粘度/(mm^2/s)
齿轮泵	2000	20
柱塞泵	1000	8
叶片泵	500~700	10

（3）综合经济分析

液压油选用中经济性的分析是不可缺少的一个重要部分，人们往往注意到油价的贵贱，而忽略了所选的油种、质量、维护与再生等问题，这样做会给液压系统的运行带来重大的影响。在高温热源和明火附近的液压系统中一定要选用抗燃液压油，对高温、高压、精密的设备必须采用磷酸脂抗燃液压油，不能用含水的抗燃液压油，这样会带来泵过早的磨损和系统运行障碍，更不能用矿物液压油来顶替，否则有失火的危险。在高压系统中一定要采用抗磨液压油，不能用 HH 液压油或 HL 防锈、抗氧液压油，不然会导致泵的寿命大大缩短。寒冷和严寒区的露天行走工程机械大多是高压系统，环境温度变化大，必须采用 HV 或 HS 高粘度指数的低温液压油，否则冷启动发生困难，冬用更换频繁，既费油又影响生产。

为延长油的使用期，节约维护费用，延长液压元件的使用寿命，提高运行效率，必须采用高质量的液压油。高质量的液压油从一次购买的角度看花费较大，但从使用的寿命、元件的更换、运行的维护、生产率的提高上讲，总的经济效益是非常合算的。

3-6 我国车辆齿轮油是如何分类的？

答：我国车辆齿轮油分类见表3-10。

表3-10 我国车辆齿轮油分类

名称	组成、特性和使用说明	使用部位
普通车辆齿轮油(GL—3)	精制矿物油加入抗氧剂、防锈剂、消泡剂和少量极压剂等而制成。适用于速度、载荷比较苛刻的汽车手传动箱和螺旋锥齿轮的驱动桥	汽车的手传动箱，螺旋锥齿轮的驱动桥
中负荷车辆齿轮油(GL—4)	精制矿物油加入抗氧剂、防锈剂、消泡剂和极压剂等而制成。适用于低速高扭矩、高速低扭矩下操作的各种齿轮，特别是客车和其他各种车辆用的准双曲面齿轮	汽车的手传动箱、螺旋锥齿轮和使用条件不太苛刻的准双曲面的驱动桥齿轮的驱动
重负荷车辆齿轮油(GL—5)	精制矿物油加入抗氧剂、防锈剂、消泡剂和极压剂等而制成。适用于在高速冲击载荷、低速高扭矩、高速低扭矩下操作的各种齿轮，特别是客车和其他各种车辆用的准双曲面齿轮	操作条件缓和或苛刻的准双曲面齿轮及其他各种齿轮的驱动桥，也可用于手传动箱

3-7 如何选择车辆齿轮油？

答：(1)质量档次的选择。车辆齿轮油质量档次的选择主要是依据齿轮形状、齿面载荷、车型、工况确定如表3-11所示。

表 3-11 车辆齿轮油质量档次选择表

齿轮形状	齿面载荷	车型及工况	质量档次
双曲线	压力<2006MPa 滑动速度 1.5~8m/s	一般	GL—4
双曲线	压力<2000MPa 滑动速度 1.5~8m/s	拖挂车 山区作业	GL—5
双曲线	压力 2000MPa 滑动速度>10m/s 油温 120~130℃	不论	GL—5
螺旋锥齿		国产车	GL—3
螺旋锥齿		进口车或重型车	GL—4

（2）粘度牌号的选择，粘度牌号的选择与内燃机油一样，主要是考虑车辆的载荷和最低温度。一般载重 10t 以下用 90，10t 以上用 140，为了节约能源最好使用多级油，如 80W/90，85W/140，90，140 适应于我国南方和北方夏季，东北及西北寒区可用 75W、80W/90，其余地区全年可用 80W/90。

3-8 工业齿轮油是如何分类的？

答：工业齿轮油分类见表 3-12、表 3-13，工业齿轮油粘度分级见表 3-14。

表 3-12 工业闭式齿轮油的分类

分类		现行名称	组成、特性及使用说明	相应的国外标准
ISO	我国			
CKB	CKB 抗氧 防锈型	工业 齿轮油	由精制矿物油加入抗氧、防锈添加剂调配而成，有严格的抗氧、防锈、抗泡、抗乳化性能要求，适用于一般轻载荷的齿轮润滑	AGMA 250.03 R&O 型

续表

分类		现行名称	组成、特性及使用说明	相应的国外标准
ISO	我国			
CKC	CKC 极压型	中载荷工业齿轮油	由精制矿物油加入抗氧、防锈、极压抗磨剂调配而成，比 CKB 具有较好的抗磨性、适用于中等载荷的齿轮润滑	AGMA 250. 03EP
CKD	CKD 极压型	重载荷工业齿轮油	由精制矿物油加入抗氧、防锈、极压抗磨剂调配而成，比 CKC 具有更好的抗磨性和热氧化安定性，适用于高温下操作的重载荷的齿轮润滑	AGMA 250. 04EP 美钢 224
CKE	CKE 蜗轮蜗杆	蜗轮蜗杆油	由精制矿物油或合成烃加入油性剂等调配而成，具有良好的润滑特性和抗氧、防锈性能，适用于蜗轮蜗杆齿轮之润滑	AGMA 250. 04COMP，MILL - 15019E (1982) 6135，MIL-L - 18486B (05)(1982)
CKT	CKT 合成烃极压型	低温中载荷工业齿轮油	由合成烃为基础油，加入同 CKC 相似的添加剂，性能除具有 CKC 的特性外，有更好的低温、高温性能，适用于在高、低温环境下的中载荷齿轮之润滑	
CKS	CKS 合成烃型	合成烃齿轮油	由合成油或半合成油为基础油加入各种相配伍的添加剂，适用于低温、高温或温度变化大，耐化学品以及其他特殊场合的齿轮传动润滑	

表 3-13　工业开式齿轮油的分类

分类		现行名称	组成、特性及使用说明	性能要求
ISO	我国			
CKH	CKH	普通开式齿轮油	由精制乳化油加抗氧防锈剂调制而成，具有较好的抗氧、防锈性和一定的抗磨性。适用于一般载荷的开式齿轮和半封闭式齿轮润滑	
CKJ	CKJ	极压开式齿轮油	由精制矿物油加入多种添加剂调制而成，它比CKH油具有更好的极压性能。适用于苛刻条件下的开式或半封闭式的齿轮箱润滑	Timken OK值不小于200N，或FZG齿轮试验通过九级以上
CKM	CKM	溶剂稀释型开式齿轮油	由高粘度的普通开式或极压开式齿轮油加入挥发性溶剂调制而成，当溶剂挥发后，齿面上形成一层油膜，该油膜具有一定的极压性能	溶剂挥发后油膜强度Timken OK值不小于200N，或FZG齿轮试验通过九级以上

表 3-14　工业齿轮油粘度等级

粘度级	40℃运动粘度/(mm^2/s)	相当于旧牌号(50℃运动粘度)	AGMA粘度等级	ISO粘度级
68	61.2~74.8	50	2EP	VG68
100	90~110	50~70	3EP	VG100
150	135~165	90	4EP	VG150
220	198~242	120	5EP	VG220
320	288~352	200	6EP	VG320
460	414~506	250	7EP	VG460
680	612~748	350	8EP	VG680

3-9 如何选用工业齿轮油？

答：如何选择齿轮油，参考以下四条原则：

（1）根据齿轮线速度选择齿轮油粘度，速度高的选用低粘度油，速度低的选用高粘度油，见表 3-15。

（2）根据齿面接触应力选择齿轮油类型，见表 3-16。

表 3-15　闭式齿轮粘度选用等级

齿轮种类	节线速度/（m/s）	粘度等级（40℃）
直齿轮	0.5	460~1000
	1.3	320~680
斜齿轮	2.5	220~460
	5.0	150~320
	12.5	100~220
锥齿轮	25	68~150
	50	46~100

表 3-16　低速重载齿轮选油表（闭式齿轮）

齿轮种类	润滑方式	齿面应力/MPa		推荐用油类型	使用工况
圆柱齿轮与圆锥齿轮	油浴润滑与循环润滑	传动齿轮，低于 350		工业齿轮油	一般传动齿轮
		动力齿轮	低负荷 350~500	工业齿轮油或中负荷工业齿轮油	一般齿轮有冲击高温的齿轮
			中负荷 500~1100	中负荷工业齿轮油或重负荷工业齿轮油	矿井提升，露天采掘，水泥球磨机，高温有冲击的齿轮
			重负荷 高于 1100	重负荷工业齿轮油	冶金、轧钢、井下、采煤、高温有冲击、有水部位的齿轮

(3) 注意使用温度，温度高粘度应大，夏天用粘度高油，冬天用低粘度油。

(4) 考虑齿轮润滑和轴承润滑是否同一系统，是滚动轴承还是滑动轴承，滑动轴承要求的润滑油粘度较低。

3-10　压缩机油是如何分类的？

答：国际标准化组织(ISO)为了统一压缩机油标准，提出了压缩机油的分类原则，见表3-17。

表3-17　用油润滑的空气压缩机轻、中、重载荷的分类参考表

(气缸润滑)往复式空气压缩机				(油冷式)回转式空气压缩机		
载荷	油品	操作条件		载荷	油品	操作条件
轻	DAA	间断运转连续运转	每次运转周期之间有足够的时间进行冷却，压缩机开停频繁，排气量反复变化 (1) 排气压力≤1MPa 排气温度≤160℃ 级压力比<3∶1 (2) 排气压力>1MPa 排气温度>160℃ 级压力比≤3∶1	轻	DAG	(1) 排气及气/油温度<90℃，排气压力<0.8MPa (2) 缓和操作条件下，排气压力>0.8MPa
中	DAB	间断运转连续运转	每次运转周期之间有足够的时间进行冷却 (1) 排气压力≤1MPa 排气温度≤160℃ (2) 排气压力>1MPa 排气温度>140但≤160℃ (3) 级压力比>3∶1	中	DAH	(1) 排气及气/油温度<100℃，排气压力0.8~1.5MPa (2) 排气及气/油温度100~110℃，排气压力<0.8MPa
重	DAC	间断运转连续运转	当达到中载荷使用条件，而预期中载荷油(L-DAB)在压缩机的排气系统剧烈形成积碳沉淀物的，则应选用重载荷油(L-DAC)	重	DAJ	(1) 排气及气/油温度>110℃，排气压力<0.8MPa (2) 排气及气/油温度≥110℃，排气压力0.8~1.5MPa (3) 排气压力>1.5MPa

3-11　如何选用压缩机油？

压缩机油的质量选择主要是粘度选择。粘度的选择与压缩机的类型、功率、给油方法和工作条件(主要是出口温度和压力)有关，要求油的粘度对润滑部位能形成油膜，同时起到润滑、减磨、密封、冷却防腐蚀等作用。表3-18是各种类型压缩机使用的润滑油(包括内部油、外部油和内外部油)粘度选择方法之一。

表3-18　压缩机油粘度选择参考表

<table>
<tr><th colspan="3">压缩机型式</th><th>排气压力/0.1MPa</th><th>压缩级数</th><th>润滑部位</th><th>润滑方式</th><th>ISO粘度等级</th></tr>
<tr><td rowspan="21">容积式</td><td rowspan="10">往复式</td><td rowspan="4">移动式</td><td rowspan="2">10以下</td><td rowspan="2">1~2</td><td>气缸</td><td>强制、飞溅</td><td>46、68</td></tr>
<tr><td>轴承</td><td>循环、飞溅</td><td>46、68</td></tr>
<tr><td rowspan="2">10以上</td><td rowspan="2">2~3</td><td>气缸</td><td>强制、飞溅</td><td>68、100</td></tr>
<tr><td>轴承</td><td>循环、飞溅</td><td>46、68</td></tr>
<tr><td rowspan="6">固定式</td><td rowspan="2">50~200</td><td rowspan="2">3~5</td><td>气缸</td><td>强制</td><td>68、100、150</td></tr>
<tr><td>轴承</td><td>强制、循环</td><td>46、68</td></tr>
<tr><td rowspan="2">200~1000</td><td rowspan="2">5~7</td><td>气缸</td><td>强制</td><td>100、150</td></tr>
<tr><td>轴承</td><td>强制、循环</td><td>46、68</td></tr>
<tr><td rowspan="2">>1000</td><td rowspan="2">多极</td><td>气缸</td><td>强制</td><td>100、150</td></tr>
<tr><td>轴承</td><td>强制、循环</td><td>46、68</td></tr>
<tr><td rowspan="11">回转式</td><td rowspan="2">滑片式水冷式</td><td><3</td><td>1</td><td rowspan="2">气缸滑片侧盖轴承</td><td rowspan="2">压力注油</td><td rowspan="2">100、150</td></tr>
<tr><td>7</td><td>2</td></tr>
<tr><td rowspan="2">滑片式油冷式</td><td>7~8</td><td>1</td><td rowspan="2">气缸</td><td rowspan="2">循环</td><td rowspan="2">32、46、68</td></tr>
<tr><td>7~8</td><td>2</td></tr>
<tr><td rowspan="3">螺杆式干式</td><td>3.5</td><td>1</td><td rowspan="3">轴承、同步齿轮传动机构</td><td rowspan="3">循环</td><td rowspan="3">32、46、68</td></tr>
<tr><td>6~7</td><td>2</td></tr>
<tr><td>12~26</td><td>3~4</td></tr>
<tr><td rowspan="2">螺杆式油冷式</td><td>3.5~7</td><td>1</td><td rowspan="2">气缸</td><td rowspan="2">循环</td><td rowspan="2">32、46、68</td></tr>
<tr><td>7</td><td>2</td></tr>
<tr><td rowspan="2">转子式</td><td>—</td><td>—</td><td>齿轮</td><td>油浴、飞溅</td><td>46、68、100</td></tr>
<tr><td>—</td><td>—</td><td>气缸、轴承</td><td>循环</td><td>46、68、100</td></tr>
<tr><td colspan="2" rowspan="2">速度型</td><td>离心式</td><td>7~9</td><td>—</td><td rowspan="2">轴承（有时含齿轮）</td><td rowspan="2">循环（或油环）</td><td rowspan="2">32、46、68</td></tr>
<tr><td>轴流式</td><td><</td><td>—</td></tr>
</table>

选择压缩机油的基本原则有两个：

（1）按压缩机的不同结构类型来选择压缩机油以适应其性能要求与工作条件，参考表3-19。

（2）按不同压缩介质来选择压缩机油以使压缩介质不受影响，参考表3-20。

表3-19 不同类型的空气压缩机组选油参考表

压缩机类型	油品类型
无油润滑压缩机：往复式和回转式	DAA压缩机油或汽轮机油或液压油
油润滑压缩机	按压缩机载荷轻重选用
（1）空冷往复式压缩机油（轴输入功率<20kW）	DAA或DAB或DAC压缩机油；轻重载荷亦可选用单级CC、CD发动机油
（2）空冷往复式压缩机油（轴输入功率>20kW）	按压缩机载荷 轻中载荷用DAA、DAB压缩机油，或汽轮机油、液压油；亦可选用单级CC、CD发动机油 重载荷用DAC压缩机油
（3）水冷往复式压缩机及滴油润滑回转式压缩机	轻载荷用DAA压缩机油或汽轮机油、液压油；中载荷用DAB压缩机油，可选用CC、CD发动机油
（4）油冷回转式压缩机	轻载荷用DAG油或汽轮机油、液压油 中载荷用DAH油 重载荷用DAJ油

表3-20 不同压缩介质压缩机选用润滑油参考表

介质类别	对润滑油的要求	气缸内用润滑油
空气	因为有氧，对油的抗氧化性要求高，油的闪点应比最高排气温度高40℃	见表3-18、表3-19
氢、氮	无特殊的影响，可用压缩空气时的油	压缩机油

续表

介质类别	对润滑油的要求	气缸内用润滑油
氩、氖、氦	此类气体稀有贵重，经常要求气体中绝对无水、不含油，应用膜式压缩机	
氧	使矿物油剧烈氧化而爆炸，不可用矿物油	多采用无油润滑
氯(氯化氢)	因在一定条件下与烃起作用生成氯化氢	用浓硫酸或无油润滑(石墨)
硫化氢 二氧化碳 一氧化碳	润滑系统要求干燥。因水分溶解气体后生成酸，会破坏润滑油性能	防锈汽轮机油或压缩机油或单级 CC、CD 发动机油(往复式)
氧化碳氮 二氧化硫	能与油互溶，会降低油粘度。系统保持干燥，防止生成腐蚀性酸	防锈汽轮机油或压缩机油或单级 CC、CD 发动机油(往复式)
氨	如有水分会与油的酸性氧化物生成沉淀，还会与酸性防锈剂生成不溶性皂	抗氨汽轮机油
天然气	湿而含油	干气用压缩机油，湿气用复合压缩机油
石油气	会产生冷凝液，稀释润滑油	压缩机油
乙烯	在高压合成乙烯的压缩机中，为避免油进入产品，影响性能，不用矿物油	采用白油或液体石蜡
丙烷	易与油混合而稀释，纯度高的用无油润滑	乙醇肥皂润滑剂，防锈抗氨汽轮机油
焦炉气 水煤气	这些气体对润滑油没有特殊破坏作用，但比较脏，含硫较多时会有破坏作用	压缩机油或单级 CC、CD 发动机油(往复式)
煤气	杂质较多，易弄脏润滑油	多用过滤用过的压缩机油

3-12 冷冻机油是如何分类的？

答：国际标准化组织根据冷冻机油的特性、蒸发器的操作温度和所用制冷剂的类型，把冷冻机油分成 DRA、DRB、DRC 和 DRD 四种（见表 3-21），其中 DRA、DRB 和 DRC 分别适用于蒸发温度大于-40℃、小于-40℃和大于 0℃的各种制冷压缩机，而 DRD 则适用于所用的蒸发温度及制冷剂不互溶的开式压缩机。

表 3-21 ISO 制冷压缩机润滑剂的分类

字母	一般应用	特殊应用	更特殊应用操作温度冷剂类型	组成和特性	ISO-L的符号	典型应用	备注
D	制冷压缩机	活塞式和转子式的容积型压缩机（封闭、半封闭或开式）	大于-40℃（蒸发器）氨或卤代烷	深度精制矿物油（环烷基油、石蜡基油或白油）和合成烃油	DRA	普通冷冻空调	
			大于-40℃（蒸发器）氨或卤代烷	合成烃油，允许烃/制冷剂混合物有适当相溶性控制这些合成烃必须互相相容	DRB	普通冷冻机	装有干蒸发器时，相容性就不重要了，在某些情况下，根据制冷剂的类型可使用深度精制矿物油（考虑低温和相容性）
			大于-40℃（蒸发器或冷凝器）或高排气压力或温度卤代烷	深度精制矿物油和具有良好热/化学安定性的合成烃油	DRC	热泵空调普通冷冻机	合成烃油，允许烃/制冷剂或烃/矿物油混合物有适当相溶性控制
			所有蒸发温度（蒸发器）烃类	合成润滑剂（与制冷剂、矿物油或合成烃油无相容性）	DRD	润滑剂和制冷剂必须不互溶，并能迅速分离	通常用于开式压缩机

3-13　如何选用冷冻机油？

答：冷冻机油选择是否合适，直接影响到制冷设备的运行、机械寿命、制冷效率、动力及冷冻机油的消耗。要正确选择冷冻机油，要考虑的因素很多，一般选择冷冻机油时主要考虑的因素是冷冻机油和制冷剂的种类、粘度和凝点；次要考虑的因素是冷冻机油的热和氧化稳定性、闪点、电气性能等，如图3-1所示。选择依据有如下几个方面：

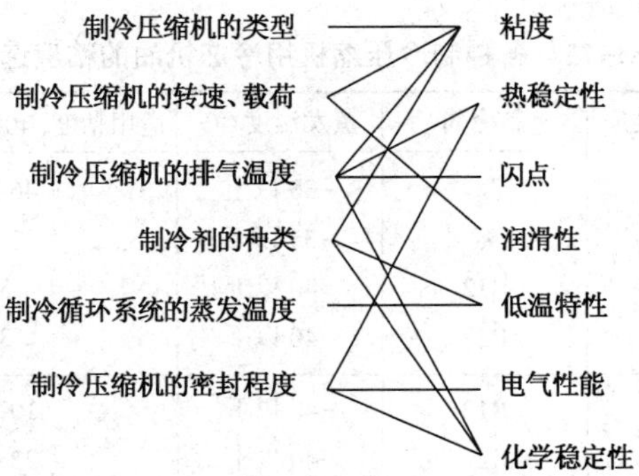

图3-1　影响冷冻机油选择的因素

影响因素有以下几方面：

(1) 制冷剂的种类。根据制冷剂与冷冻机油相互溶解的程度、有无化学反应等情况来选择。以氟里昂为制冷剂的冷冻机不能选用含蜡或加有降凝剂的油，因为氟里昂与降凝剂有化学反应；以二氧化硫作制冷剂的冷冻机不能使用芳烃含量较高的油品；一般氟里昂制冷机用冷冻机油的粘度应高于氨压缩机，因氟里昂与油有一定的互溶性，从而使油品粘度下降。

(2) 气缸的排气温度和排气压力。排气温度高、压力大，则应选择高粘度、高闪点的冷冻机油。

(3) 制冷温度(蒸发温度)。制冷温度低，要求冷冻机的凝点或倾点也低。如果制冷温度要求很低，则应选用具有良好性能、凝点很低的合成冷冻机油。

(4) 密封程度。对于半封闭和全封闭的冷冻机，则要求选用具有良好热安定性和电气绝缘性的冷冻机油。

冷冻机油粘度及品种的选择可以参考表 3-22、表 3-23、表 3-24。

表 3-22　各种制冷压缩机用冷冻机油的粘度选择

制冷压缩机类型	制冷剂	蒸发温度/℃	适用粘度(40℃)/(mm^2/s)
开　式	氨 R12 R22	-35 以上 -35 以下 -40 以上 -40 以下	46~68 22~46 56 32
封闭式	R12 R22	-40 以下 -40 以下	10~32 22~68
斜板式	R12	冷气、空调	56~100
螺杆式	氨 R12 R22P	-50 以下 -50 以下 -50 以下	56 100 56
转子式	R12 R22	一般空调	32~68 32~100
离心式	R11 其他氟里昂 氯甲烷	一般空调	32(汽轮机油) 56(汽轮机油) 56(汽轮机油)

表 3-23　冷冻机油品种及粘度选择参考表

冷冻机油		制冷压缩机的工况					用　途
质量等级	粘度等级	功　率	排气温度/℃	排气压力/MPa	制冷剂	密封程度	
DRA/A	32	小型低速	大于 125	1.6	NH_3、CO_2	开启式	冷却、冷冻、空调、大型冷库、冷藏车等
	46	大、中型	大于 145	3.0			
	68	大型高速多缸	大于 145	3.0			
DRA/B	32	中、小型			氟里昂	半封闭 开启式	
	46	大、中型					
DRB/A	32	小　型			氟里昂	全封闭	冰箱、冷柜、空调器、冷藏车、冷水机、车用空调等
	46	小　型					
DRB/B	56	中、小型活塞式、转子式					

表 3-24　制冷剂对冷冻机油的选择

冷冻机油＼制冷剂	R11	R12	R13	R22	R123	HFC 134a	R500	R502	R600a
第一选择	MO	MO 或 AB	MO 或 AB	MO 或 AB	MO 或 AB	PAG 或 POE	MO 或 AB	MO 或 AB	MO
第二选择		PAG 或 POE	PAG 或 POE	PAG 或 POE			PAG 或 POE	PAG 或 POE	

注：MO—矿物冷冻机油；AB—烷基苯冷冻机油；PAG—聚乙二醇(醚)冷冻机油；POE—聚酯冷冻机油。

3-14　汽轮机油是如何分类的？

答： 我国汽轮机油分类见表 3-25。

表 3-25　GB/T 7631.10 汽轮机油分类

组别代号	总应用	特殊用途	更具体应用	组成或性质	产品代号 L	应用实例
T	汽轮机	蒸汽、直接或齿轮连接到载荷	一般应用	具有防锈性和氧化安定性的深度精制的石油润滑油	TSA	发电机、工业装置及相配套的控制系统，不需要改善齿轮承载能力的船舶驱动装置
			特殊用途	不具有特殊耐燃性的合成液	TSC	要求使用具有某些特殊性如氧化安定性和低温性液体的发电机、工业装置及其相配套的控制系统
			耐燃性	磷酸脂润滑剂	TSD	要求使用具有耐燃性液体的发电机、工业装置及其相配套的控制系统
			高承载能力	具有防锈性、氧化安定性和高承载能力的深度精制石油润滑油	TSA	要求改善齿轮承载能力的发电机、工业装置和船舶齿轮装置及其配套的控制系统
		气体、直接或齿轮连接到载荷	一般用途	具有防锈性和氧化安定性的深度精制的石油润滑油	TGA	发动机、工业装置及相配套的控制系统，不需要改善齿轮承载能力的船舶驱动装置
			较高温度下使用	具有防锈性和改善氧化安定性的深度精制的石油润滑油	TGB	由于有热点出现，要求耐高温的发电机、工业装置及其相配套的控制系统
			特殊性能	不具有特殊耐燃性的合成液	TGC	要求使用具有某些特殊性如氧化安定性和低温性液体的发电机、工业装置及其相配套的控制系统

续表

组别代号	总应用	特殊用途	更具体应用	组成或性质	产品代号 L	应用实例
T	汽轮机	气体、直接或齿轮连接到载荷	耐燃性	磷酸脂润滑剂	TGD	要求使用具有耐燃性液体的发电机、工业装置及其相配套的控制系统
			高承载能力	具有防锈性、氧化安定性和高承载能力的深度精制石油润滑油	TGE	要求改善齿轮承载能力的发电机、工业装置和船舶齿轮装置及其配套的控制系统
		控制系统	耐燃性	磷酸脂控制液	TCD	要求使用与润滑剂分别供给，并有耐热要求的蒸汽涡轮机、燃气涡轮机控制机构
		航空蜗轮发动机			TA	
		液压传动装置			TH	

3-15 如何选择汽轮机油？

答：(1) 根据汽轮机的类型选择汽轮机油的品种。普通的汽轮机组可选择防锈汽轮机油，接触氨的汽轮机组须选择抗氨汽轮机油，减速箱载荷高、调速器润滑条件苛刻的汽轮机组须选择极压汽轮机油，高温汽轮机须选择难燃汽轮机油。

(2) 根据汽轮机的轴转速选择汽轮机油的粘度等级。通常在保证润滑的前提下，应尽量选用粘度较小的油品，低粘度的油，其散热性和抗乳化性均较好。汽轮机油选用参见表3-26。

表 3-26　汽轮机用油

汽轮机型式			转速/(r/min)	润滑部位	用油名称
电站汽轮机组	大型		3000	滑动轴承	32 防锈汽轮机机油
	中、小型		1500	滑动轴承	46 防锈汽轮机机油
				减速齿轮	
				发电机轴承	
				液压控制系统	与润滑系统同一牌号的汽轮机油
水轮机	卧式		1000 以上	径向轴承	32 防锈汽轮机机油
			1000 以下	止推轴承	46 防锈汽轮机机油
	立式	大型		推力轴承	46、68 防锈汽轮机机油
		中、小型		轨导轴承	46 防锈汽轮机机油
船舶用汽轮机	军用船舰 大型远洋船			滑动轴承 减速齿轮	68 防锈汽轮机机油
	巨型远洋轮				100 防锈汽轮机机油
	船舶副机		3000 以上	滑动轴承	32 防锈汽轮机机油
			3000 以下		46 防锈汽轮机机油

3-16　*如何选用润滑脂？*

答：润滑脂的品种、牌号很多，其性能也各不相同，为了给所润滑的机械设备选择适宜的品种、牌号的润滑脂，必须考虑机械润滑部位所起作用的诸因素，同时还要考虑所用润滑脂的性能，而后决定选择结果。

对于润滑部位的使用条件，主要应考虑润滑点的结构，润滑点的环境、运转温度、有无与水及其他物质接触等，运转条件、回转数(dn)值、负荷等，以及给油方式的难易。

对于决定润滑性质的因素，主要应考虑稠化剂的种类，它影响耐热性、耐水性、机械安定性等物理性质，基础油的种类和粘度，在机械运转时，润滑脂的粘度接近于基础油的粘度，要选用与油润滑时相同粘度的基础油，润滑脂的稠度根据给油方式选择。润滑脂的选择主要考虑以下因素：

（1）温度

机械摩擦部位的温度高低及温度变化对润滑脂的润滑作用和使用寿命有决定性的影响。因为润滑脂本身是一种胶体分散体系，它的流动性质随温度而变化，温度越高润滑脂的使用寿命越短。这主要是由于温度越高，润滑脂内基础油的蒸发损失、氧化变质和胶体萎缩分油现象等越易加速的缘故。一般来说，大部分润滑脂的使用温度和寿命之间的关系是每当轴承温度升高 10～15℃，润滑脂寿命下降 1/2，因此在选择高温用润滑脂时，要选用抗氧化安定性好、热蒸发损失小、滴点高的润滑脂。但应注意润滑脂的滴点并不标志使用的最高温度，一般是低于滴点的 20～30℃，甚至更低些，因为使用温度越接近于滴点，则脂分油和基础油的蒸发越严重，当达到滴点温度时，润滑脂会很快流失而不能保持润滑作用。

（2）运转速度

润滑脂属于流变体系，它的相似粘度随剪切速度而改变，润滑脂的物理状态和润滑作用对润滑部件的运转速度特别敏感，运转速度越快，润滑脂所承受的剪切应力就越大，相似粘度下降越明显，在高剪切应力下，稠化剂形成的纤维“骨架”遭受到破坏作用也越大，从而大大缩短了使用的寿命，甚至将脂甩出润滑部件之外。同时由于转速高，产生的热量也多，而润滑脂的散热又比润滑油差些，更增加了摩擦点的温升，也导致寿命缩短，在高剪切应力下，当工作部位的运转速度提高一倍时，润滑脂的使用寿命只相当原寿命的十分之一。润滑脂所适应的转速是有限的，这种限制通常用 *dn* 值(转速与轴承内径乘积)来表示，*dn* 值大于 300000 时一般不宜采用润滑脂润滑，这主要是润滑脂的流动性不能适应这样高的转速。

在高转速要选用低粘度矿物油制成的润滑脂如锂基脂、钙基脂或合成油润滑脂。因为这些脂的机械安定性好、抗机械能力强，一般通过 100000 次的剪切试验后，锥入度差值在 50 以内。在同样的温度、负荷下，转速高时则要求选用流动性好即锥入度较大的润滑脂。对于低速用的润滑脂，应选择以高粘度矿物油制成的高锥入度牌号的润滑脂，以保证具有足够的粘附性和适当的极压性，来满足低速运转、负荷较重的要求。

(3) 负荷

负荷是指工作轴承上单位面积承受的压力，用 kPa 表示，使用时常把负荷超过 4.9×10^6kPa 时称为重负荷，负荷在 $2.9\times10^6\sim4.9\times10^6$kPa 时称为中负荷，$2.9\times10^6$kPa 以下称为轻负荷，在选择润滑脂时，对于负荷这一因素，应考虑以下几点：

1) 对于重负荷设备

① 使用同一品种系列时，要选用稠化剂含量较高即稠度大(锥入度小)的润滑脂。

② 要选用基础油粘度较大的润滑脂。

③ 如果负荷特别高，则要选用加有极压添加剂或填料

(如二硫化钼或石墨)的润滑脂。

2) 对于中负荷或低负荷设备

① 所用皂基润滑脂要求是短纤维结构的。

② 用中等粘度的润滑油作基础油。

③ 一般选用 2 号脂为宜。

(4) 环境

环境是指润滑部位的周围环境和所接触的介质。如果润滑脂本身不抗水(如钠基脂)，在潮湿环境中就会强烈地吸水而逐渐乳化变质，即使耐水性好的润滑脂在湿度太大的情况下也会吸收水分而使润滑脂的稠度和机械安定性降低。尘埃和腐蚀性气体对润滑脂及轴承的伤害比较明显，尤其是当轴承密封不好时，这种影响更严重，因此应选用加有防腐、防锈添加剂的润滑脂，对处于有强烈化学作用的化学介质环境的润滑部件，则应选用抗化学介质的合成油润滑脂如氟碳润滑脂。

总之，应针对润滑部位的使用条件，研究决定润滑性质的因素，选择满足一切条件或大部分的润滑脂。各种润滑脂的主要使用特征、供给方式及运转条件和稠度的关系、稠度与润滑部位的条件关系、润滑脂选用的大致标准参见表 3-27、表 3-28、表 3-29 及表 3-30。

表 3-27　各种润滑脂的主要使用特征

基础油	稠化剂	滴点/℃	热安定性	机械安定性	耐水性	防锈性	泵送性能	耐低温性	抗橡胶溶胀性	最高使用温度/℃
石油系	Ca	90~100	不良	良	优	—	优	良		60
	Na	150~180	良	良	不良	—	不良	良	良	80
	Ca-Na	130~150	可	良	可	可	可	良		80

续表

基础油	稠化剂	滴点/℃	热安定性	机械安定性	耐水性	防锈性	泵送性能	耐低温性	抗橡胶溶胀性	最高使用温度/℃
石油系	Al	70~90	不良	不良	优	良	优	可		50
	Li	170~190	良	良	良	良	优	良		牛油 150 篦麻油 180
	Ba	130~150	可	可	良	良	良	可		180
	Pb	70~130	可	良	可	可	可	良		100
	复合 Ca	250 以上	可	可	良	良	—	良	良	130
	复合 Al	250 以上	良	良	良	良	优	良		130
	复合 Li	260 以上	良	良	良	良	优	良		200
	膨润土	无	良	良	可	不良	可	良		130
	精制硅胶	无	良	可	可	可	可	良		130
	聚脲脂	250 以上	优	良	优	优	优	优		200
脂油系	Li	170~190	良	良	良	良	优	优		160
	膨润土	无	良	良	良	良	良	优	不良	180
	有机物	250 以上	良	良	良	良	良			170
硅油系	Li	170~200	良	良	良	良	优	优	良	180
	有机物	250 以上	良	良	良	良	良	优		200

表 3-28　供给方法及运转条件和稠度关系

NLGI No.		000	00	0	1	2	3	4	5	6
锥入度值 1/10mm		445~475	400~430	355~385	310~340	265~295	220~250	175~250	130~160	85~115
供给方法	手涂抹	—	—	—	—	○	○	○	○	—
	刷子涂抹	○	○	○	—	—	—	—	—	—
	脂杯	—	—	—	○	○	○	○	○	—
	脂枪	—	—	○	○	○	—	—	—	—
	集中	○	○	○	○	○	—	—	—	—
	脂块填充	—	—	—	—	—	—	—	—	○
运转条件	*dn* 值	大————小								
	负荷	小————大								
	温度	低————高								

表 3-29　稠度与润滑部位的条件关系

NLGI No.		稠　度 (ASTMD217)(25℃)	润滑部位的条件		
			负荷	温度	*dn* 值
集中给油	00	400~430	小	低	大
	0	355~385	↑	↑	↑
	1	310~340	|	|	|
	2	265~295	↓	↓	↓
	3	220~250	大	高	小

表 3-30　润滑脂选用的大致标准

润滑部位的条件			皂　基				非皂基	润滑油粘度②			稠　度			备　注
			钙	钠	铝	锂		高	中	低	硬	中	软	
轴承	滑　动		○	○	○	○	○①							长时间使用应加抗氧剂
	滚　动		○	○		○	○							
环境	接触水分		○	×	○	○	○							
	接触化学品		×	×	×	×	○							
	轴承温度	高	×	○	×	○	○	○	×	×	○	○	×	复合皂基脂可用于此条件
		中	○	○	○	○	○	×	○	×	○	○	○	
		低	○	×	○	○	○	×	×	○	×	○	○	
运转条件	速度条件 (*dn*)	大	○	×	×	○	○	×	○	○	○	○	×	复合皂基脂加入极压添加剂
		小	○	○	○	○	○	○	○	×	×	○	○	
	负荷	大	○	○	×	○	×	○	×	×	○	○	×	
		小	○	○	○	○	○	×	○	○	×	○	○	复合皂基脂粘附性好
	冲击负荷		×	○	○	○	×	○	○	×	○	○	×	
供脂方式	人　工		○	×	○	○	○	○	○	○	○	○	×	
	油　杯		○	○	○	○	○	○	○	○	○	○	○	
	压力注脂器		○	○	○	○	○	×	○	○	×	○	○	
	集　中		○	×	○	○	○	×	○	○	×	○	○	

注：①○适用；×不适用；②除粘度外还要考虑原油种类和精制程度。

3-17　选择润滑脂时应注意哪些事项?

答：(1) 选择润滑脂的重要基准是适当的粘度。由于润滑脂稠化剂的种类不同，表现出非常不同的性质，对于使用条件，有的要求耐水、有的要求耐热，也有两方面均有要求的，因此必须首先决定润滑脂的品种、种类，同时选择适当的粘度。

(2) 润滑脂的基础油是决定润滑脂的抗氧化性、蒸发损失、低温流动性及润滑性能等特性的主要因素。皂基润滑脂的使用温度范围，主要取决于稠化剂种类、润滑脂的相转变温度和滴点；而非皂基的耐温稠化剂组成的润滑脂的使用温度范围，主要取决于基础油的耐温性能，因而要按使用温度高低来选择适当粘度的矿物油或合成油。

(3) 润滑油的粘度指数对形成润滑脂内皂纤维的长短有很大的影响。在实际上用于汽车轮毂轴承的润滑脂，需要粘度指数 60～80 的润滑油；寒冷地区用的汽车底盘润滑脂，要求使用低温性能好的润滑油来制取。

(4) 选用润滑脂要稠度适宜，以便在摩擦副之间形成油膜，能抵抗一定负荷，不致被挤出，同时还要求有良好的粘附性，能牢固地粘附在摩擦表面上，不致被运动所形成的剪切力所甩掉。

(5) 若已知机械最高温度，则应选用能达到该温度的润滑脂，否则会严重甩油或流失；若在低温下使用，则要考虑轴承启动时不致产生高的启动和转动力矩，同时还应注意季节变化的因素等。

(6) 对于长期不更换脂的润滑部位，所选用的润滑脂要有良好的氧化安定性好、防锈性以及机械安定性等。

(7) 如果摩擦部位经常与水接触，或者环境条件潮湿，必须选用抗水性好的润滑脂，以防止因迅速与水或湿气作用而使润滑脂乳化流失或结构破坏。

（8）当润滑脂用于有大量尘埃或有沙砾的地方时，要选择较稠硬(即牌号高一些)的产品，这样密封性较好，相对来讲可以防止杂质混入摩擦部位。

（9）对于转动较大的轴承等部位，因要求有较好的粘附性和减振性能，一般选用高粘度环烷脂或混合基润滑油稠化的复合皂基润滑脂为好。

（10）应用在与化学物质或溶剂接触的地方，应选择特种润滑脂。

3-18 各种润滑脂的简要用途是什么？

各种润滑脂的简要用途概括于表 3-31 所示。

表 3-31 各种润滑脂及简要用途

名称	牌号	简要用途
钙基脂	1~4 号	耐水、中熔点，适于工业、汽车、拖拉机等润滑
MoS_2 钙基脂	3 号	除钙基脂性能外，还有良好的耐极压抗磨性
无水钙基脂	A、B 型	适于寒冷区汽车轮毂轴承、底盘等润滑，使用温度-50~110℃
汽车底盘润滑脂	2~3 号	适用于汽车、拖拉机等机动车辆底盘润滑
复合钙基脂	1~4 号	适用于较高温度及潮湿条件下摩擦部位的润滑
特种复合钙基脂	00~1 号	适用于高湿热部位的设备集中供脂装置润滑和传动装置润滑
MoS_2 合成复合钙基脂	2~3 号	用于高温、重负荷、冲击负荷机械润滑部分
汽车通用锂基脂		
抗磨锂基脂		适用于-30~120℃范围内汽车轮轴承底盘、水泵等润滑

续表

名　称	牌　号	简要用途
通用锂基脂		用于汽车球关节和底盘部位润滑
中小型电机脂	1~3号	适用于工业轴承和汽车轮毂润滑
极压锂基脂	2~3号	中小型电机专用轴承脂
冷轧辊轴承专用脂	0~3号	适用于-20~120℃范围内各种重负荷机械和集中润滑系统
半流体锂基脂		适用于钢铁企业冷轧机的工作滚柱轴承润滑
减速机脂	000~0号	适用于各种重型机械集中润滑及齿轮传动装置润滑
精密机床主轴脂	00~0号	适用于齿轮减速机的润滑
纺织皮辊脂	2~3号	用于精密机床和磨床高速磨头主轴的长期润滑
矿用拖辊锂基脂	滑、滚	适用于棉、麻、丝、毛、化纤等各纺织工业系统平面皮辊润滑
复合锂基脂(7019)	1~2号	适用于矿山带式输送机拖辊轴承的润滑
MoS_2 锂基脂		用于-20~150℃范围内工业装置的滚动轴承润滑,短期可达180℃
铁道润滑脂	3号	抗极压性好,用于重负荷润滑部位,能延长使用寿命
铁路滚动轴承锂基脂		适用于机车大轴摩擦部位的润滑
铁路道轨润滑脂	Ⅰ型	主要用于铁路车辆滚动轴承的润滑
46号铁路制动缸脂	Ⅱ型	主要用于铁路车辆滚动轴承的润滑
铝基脂	冬、夏	适用于道轨转弯的自动涂脂器
耐热润滑脂		代替铁路制动缸脂用
合成复合铝基脂		用于航空机械摩擦部位的润滑和金属表面的防蚀
复合铝基脂	0~4号	适用于冶金工业等高温设备及集中润滑系统
密封钻头脂	1~4号	适用于钢铁工业高温及潮湿条件下摩擦部位润滑

续表

名　　称	牌　号	简　要　用　途
高温螺旋密封脂	0~2 号	适用于冶金、化工、造纸等高温高湿条件下运转设备的润滑
抗咬丝扣脂		适用于井下作业的各种型号的密封式三牙轮钻头的轴承润滑
高温压延机润滑脂		用于油气探井套管、油管联接螺纹的密封和润滑
835 齿轮箱脂		用于煤矿机械、钻井机械等管道接头螺纹密封与润滑
803 润滑脂	1~2 号	用于冶金工业轧钢设备自动集中供脂系统的润滑
食品机械润滑脂	J. B. N	用于内燃机车和电力机车牵引齿轮润滑
锂钙基脂		主要适用于甘蔗糖厂压榨机轴瓦的润滑
钡铝基润滑脂(107)		适用于与食品接触的加工、包装、运输机械等润滑部位
Ⅱ型定位器脂		适用于各种普通机械设备的滚动和滑动摩擦部位的润滑
定位器润滑脂		适用于与海水接触的机械和仪表的润滑
34 号齿轮脂		用于直滑和旋转的无线电元件的润滑
极压膨润土润滑脂		用于家用电器润滑
耐甲醇脂		可用于大型开式齿轮等防护和润滑用
复合钙铅基脂		主要用于高温、高负荷下摩擦部件的润滑
耐油密封润滑脂		主要用于石油化工干燥机大型轴承上的润滑
钢丝绳表面脂	1~1D 号	适用于冶金、化工等高温、高负荷机械设备的润滑
钢丝绳麻芯脂		适用于各种液体介质丝扣接头阀门阀杆的动密封
4 号高温润滑脂		主要适用于钢丝绳的封存、同时具有润滑作用
石墨钙基脂		主要适用于钢丝绳麻芯的浸渍

续表

名　称	牌　号	简　要　用　途
钡基脂		用于在高温工作条件下的摩擦部位
钠基脂		用于压延机人字齿轮、汽车弹簧等高负荷、低转速机械润滑
钙钠基脂		适用于船舶推进器、抽水机的润滑
压延机润滑脂	2~4 号	耐热不耐水、用于工农业等机械设备润滑
合成钙基脂	1~2 号	适用于铁路滚动轴承，电机轴承等润滑
合成复合钙基脂	1~2 号	适合在集中给油的压延机轴上使用
合成锂基脂	2~3 号	同钙基脂
工业凡士林	1~4 号	同复合钙基脂
特 11 号润滑脂(204 脂)		同锂基脂
特 12 号润滑脂(205 脂)		适用于金属物品和机械零件的防蚀用
石墨烃基润滑脂		与腐蚀接触的螺纹润滑
4 号石墨烃基脂		用于 -40~50℃ 在腐蚀介质中工作的发动机附件及导管的螺纹接合处
3 号内管润滑脂		用于不定温度下工作的接合面及操作系统钢丝绳的润滑与防护
炮用润滑脂		适用于高负荷摩擦面的润滑
酞青铜润滑脂		用于润滑操作过程中间断发热的高温钢管及机械螺纹的接触表面
3 号耐醇密封脂		保护火炮表面不被腐蚀
		用于中低速、重负荷、温度在 250℃ 以下，如汽车制造、冶金设备、转炉、灼烧设备拖辊的润滑部位
		适用于密封空气导管系统中与醇、水、甘油等接合处的密封帽、螺纹和开支等部位

3-19　如何选用滑动轴承的润滑材料？

答：选择滑动轴承的润滑剂主要考虑的因素是速度、温度和负荷，据此来选择润滑油的粘度或润滑脂的稠度，至于采用润滑油还是润滑脂通常由轴承平均负荷系数 K 来决定。

$$K=\sqrt{PV^3}$$

式中　P——为轴径的平均压力，Pa；

V——为轴径的线速度，m/s。

通常：$K\leqslant 6$ 时采用润滑脂润滑，用黄油杯或集中干油泵供送；

$K=6\sim50$ 时采用润滑油润滑，使用针阀油杯；

$K=50\sim100$ 时采用润滑油润滑，用油杯或飞溅方式；

$K>100$ 时采用润滑油润滑，用压力循环方式润滑。

滑动轴承润滑材料的选用，详见表 3-32、表 3-33、表 3-34、表 3-35。

表 3-32　滑动轴承润滑油的选择（轻、中载荷时用油）

主轴轴径线速度/(m/s)	工作温度 10~60℃ 轴径压力 30kg/cm² 适用油的名称、牌号
>9	L-AN5、7、10 全损耗系统用油
9~5	L-AN10、32 全损耗系统用油；32 或 46 汽轮机油
5~2.5	L-AN32、46 全损耗系统用油；32 或 46 汽轮机油
2.5~1.0	L-AN46、68 全损耗系统用油；46 汽轮机油；6 号汽油机油
1.0~0.3	L-AN46、68 全损耗系统用油；46 汽轮机油；6 号汽油机油
0.3~0.1	L-AN46、68、100 全损耗系统用油；10 号汽油机油
<0.1	L-AN68、100、150 全损耗系统用油；10、15 号汽油机油

表 3-33　滑动轴承润滑油的选择（中、重载荷时用油）

主轴轴径线速度/(m/s)	工作温度 10~60℃ 轴径压力 30~70kg/cm² 适用油的名称、牌号
2.0~1.2	L-AN46、68 全损耗系统用油；6 号汽油机油
1.2~0.6	L-AN46、68、100 全损耗系统用油；6、10 号汽油机油
0.6~0.3	L-AN100 全损耗系统用油；13 压缩机油；10 号汽油机油
0.3~0.1	L-AN100、150 全损耗系统用油；15 号汽油机油
<0.1	L-AN150 全损耗系统用油；15 号汽油机油

表 3-34　滑动轴承润滑油的选择(重、特重载荷时用油)

主轴轴径线速度/(m/s)	工作温度 20~80℃ 轴径压力 75~300kg/cm^2 适用油的名称、牌号
1.2~0.6	L-AN100/150 全损耗系统用油;15、10 号汽油机油;13、19 压缩机油
0.6~0.3	19 压缩机油;15 号汽油机油、24 汽缸油
0.3~0.1	32、46 齿轮油、38 汽油机油
<0.1	38、52 汽缸油

表 3-35　滑动轴承润滑脂的选择

工作温度/℃	圆周速度/(m/s)	单位负荷/MPa	选用润滑脂
0~60	1 以下	6.37 以下	2 号、3 号钙基脂;2 号锂基脂
		6.37 以上	3 号钙基脂;2 号、3 号锂基脂
0~80	1 以下	6.37 以下	2 号、3 号锂基脂
		6.37 以上	2 号、3 号锂基脂
	1~5	6.37 以下	2 号、3 号锂基脂
0~100	1 以下	6.37 以下	2 号、3 号锂基脂
		6.37 以上	2 号锂基脂,2 号复合钙基脂
	1~5	6.37 以下	2 号、3 号锂基脂
		6.37 以上	2 号、3 号锂基脂
0~120	5 以下	6.37 以下	3 号锂基脂
0~150	5 以下	6.37 以下	3 号锂基脂或复合皂基脂

3-20　选择滑动轴承润滑脂应注意哪些问题?

答:(1)当轴承的负荷大、转速低时,选用润滑脂的稠度应大些,同时制脂的基础油粘度也要大些,反之,则应选锥入度大一些的产品。

(2)润滑脂的滴点,在一般情况下要高于工作温度 20~30℃。

（3）润滑脂应具有较好的粘附性能。

（4）滑动轴承如在水淋或潮湿环境工作时，应选用钙基脂，而在环境温度较高的条件下可选用锂基脂。

（5）对于在特殊条件下，如铁路机车大轴、造纸烘干机及焙烘机等设备上，如使用滑动轴承，并用润滑脂润滑，则需用特殊润滑脂，如砖脂，预制成与主轴半径相同的半圆形，使之在弹簧压力小紧贴于下半轴，随着主轴的转动，把砖脂带入主轴和轴套之间间隙内，以形成油膜，达到润滑目的。

3-21　滑动轴承采用润滑脂润滑有哪些优缺点？

答：滑动轴承采用润滑脂的优点有：

（1）在尘埃多的环境下，易于保持轴承清洁，防止杂质混入。

（2）有利于密封而不漏油。

（3）不至于污染环境。

（4）有利于不便加油的场合使用。

（5）润滑系统简单耐用。

滑动轴承采用润滑脂的缺点有：

（1）轴承阻力大，特别是起到阻力特大，且动力损耗较多。

（2）在达到润滑脂软化温度之前，润滑作用不充分。

（3）滑动轴承上的剪切速度大，而易使润滑脂的机械性能受到破坏。

3-22　如何选用滚动轴承的润滑材料？

答：从滚动轴承润滑的效果方面看，选用润滑油比较好，特别是高速运转的滚动轴承，温升较高选用润滑油有较好的散热作用。但是滚动轴承的润滑一般选用润滑脂，以简化润滑装置，延长加脂周期，换脂方便且能有效地密封，因此在我国机械行业滚动轴承有 80% 以上采用润滑脂润滑，而且随润滑脂质量的提高与轴承设计的改进，采用润滑脂来润滑滚动轴承的比例还会增加。

滚动轴承的润滑材料选用，主要根据其工作温度、速度因素(dn 值)、负荷、工作环境等因素，选用方法见表 3-36、表 3-37、表 3-38。

表 3-36　滚动轴承选择润滑油或润滑脂的一般原则

影响选择的因素	用润滑脂	用润滑油
温度	当温度超过 120℃时，要用特殊润滑脂，当温度升高 200~220℃时，再润滑的时间间隔要缩短	油池温度超过 90℃或轴承温度超过 200℃时，可采用特殊的润滑油
速度因素 dn 值	dn 值<300000~350000	dn 值<450000~500000
载荷	低到中等	各种载荷量直到最大
轴承型式	不用于不对称的球面滚子止推轴承	各种轴承
壳体设计	较简单	需要复杂的密封装置和供油装置
长时间不维护	可用，根据操作条件，特别要考虑温度	不可以用
集中供给(同时供给其他零部件)	不可用，不能有效地传热，也不能作为液压介质	可用
最低的扭矩损失	如填装适当比采用油的损失要低	为了获得最低功率损失，应采用有清洗泵或油雾装置的循环系统
污染条件	可用，正确的设计可防止污染物的侵入	可用，但要采用有过滤装置的循环系统

备注：dn 值=轴承内径(mm)×转速(r/min)，对于轴径大于 65mm 的 d 为内外径的平均值。

表 3-37　滚动轴承润滑脂的选用

轴径/mm	工作温度/℃	工作环境	轴转速/(r/min)			
			<300	300~1500	1500~3000	3000~5000
20~140	0~60	潮湿有水	3、4 号钙基脂	2 号钙基脂	1、2 号钙基脂	1 号钙基脂
20~140	60~110	干燥	3 号钠基脂	1、2 号钠基脂	1 号钠基脂	1 号二硫化钼脂
20~140	<100	潮湿	2 号钙钠基脂	1、2 号钙基脂	1 号钙钠基脂	1 号复合钙基脂
20~140	-50~100	有水	锂基脂	锂基脂	锂基脂	锂基脂

表 3-38　滚动轴承润滑油的选用

工作温度/℃	速度因素/mm·r/min	一般负荷(<30kgf/cm^2)		重负荷或冲击负荷(>30kgf/cm^2)	
		适用粘度/(mm^2/s)(50℃)	润滑油名称、牌号	适用粘度/(mm^2/s)(50℃)	润滑油名称、牌号
0~30		12~20	22 号冷冻机油、专用锭子油	12~25	专用锭子油、32 冷冻机油
	15000 以下	25~40	L—AN32/46/68；32/46 汽轮机油	40~95	L—AN46/68/100；6、10 号汽油机油
	15000~75000	12~20	L—AN15/32；32 汽轮机油	25~50	L—AN46/68；6 号汽油机油
	75000~150000	12~20	L—AN15/32；32 汽轮机油	20~25	L—AN32；32 汽轮机油
	150000~300000	5~9	L—AN7/10	12~20	L—AN15/32；
60~100	15000 以下	60~90	L—AN100/150；10/15 号汽油机油	100~150	15 号汽油机油、24 号汽缸油
				15~24(100℃)	19 号压缩机油
	15000~75000	40~65	L—AN46/68；6/10 号汽油机油	60~95	L—AN100/150；10/15 汽油机油
	75000~150000	30~50	L—AN46/68；6 号汽油机油；46 汽轮机油	45~65	L—AN4668；10/6 汽油机油
	150000~300000	20~40	L—AN32/46/68；32/46 汽轮机油		
100~150		13~16(100℃)	14/16 号汽油机油	15~25(100℃)	24 号汽缸油；16 号柴油机油

3-23 如何确定滚动轴承润滑脂的填充量、补给量及更换？

答：(1) 润滑脂的填充量

滚动轴承的装脂数量，根据轴承的结构和工作条件而定。但其适宜的装脂量，一般以轴承内总空间隙体积的1/3~1/2为标准，最多不超过1/2，在低速、轻负荷时，也不能超过2/3，轴承圆周速度提高时还应减少允许装量；对于开放式滚动轴承，填充量可适当多些，但护盖和轮毂的空腔内一般不加润滑脂，如果内表面需要防锈，可涂一层薄层润滑脂；新安装的轴承在启动时，一般会出现温度暂时上升现象，这时润滑脂在轴承箱内循环移动的缘故，经过数小时后将会稳定在正常温度，若温度继续上升，可停止运转，冷却后再重新开启，若温度仍然上升，可能是润滑脂填充方法不正确，轴承内部缺少润滑脂，某些金属表面间产生了干摩擦，或是润滑脂填充量过多，或是润滑脂质量不佳，不能在滚动体周围形成轮廓而产生了涡流现象。

总之，在轴承和轴承箱内润滑脂的填充量，应是所需量的最小限度，尤其是高速轴承更为重要。若填充量过多，在轴承运转部位润滑脂就会受到强烈的搅拌混合，其结果是温度迅速上升，引起润滑脂分油或分解，直到从轴承箱泄漏出来。相反，过少或无润滑运转时，便会导致保持器磨损。因此轴承中的润滑脂不宜过多，多了不但是浪费，而且是有害的，轴承转速越高，危险性越大。润滑脂的填充量一般可按公式大致估算求得，公式如下：

1) 不区分轴承类型，仅从轴承尺寸(外径和宽度)估算填充量的公式

$$Q = \frac{D \times B}{200}$$

式中　Q——填充量，g；

D——轴承外径，mm；

B——轴承宽度，mm。

2）考虑轴承类型的估算公式

$$Q = \frac{d^{2.5}}{K}$$

式中　d——轴承内径，mm；

K——常数，滚珠轴承 $K=900$，滚柱轴承 $K=350$。

（2）润滑脂的补充量

因为润滑脂本身具有一定的寿命，在使用条件下，必须定期定量的补充润滑脂，补充量通常是最初填充量的 5%左右，补脂量过多同样成为发热的原因。润滑脂的补充量可用下式计算：

$$Q = 0.005 \cdot D \cdot B$$

式中　Q——填充量，g；

D——轴承外径，mm；

B——轴承宽度，mm。

（3）润滑脂的更换

润滑脂在使用过程中，其内部会发生如下变化：

1）润滑脂全部变黑，温度在 60℃以上时促进变化；

2）在内外轨道轮，保持器接近的部位，表面集中了黑色润滑脂，这是由于微细的金属摩擦粉所致，表示润滑开始磨损。

3）由于润滑脂的乳化，引起脂的结构变化，出现分油或软化(硬化)现象。

4）运转温度达80℃以上时，在轨道面有树脂状的物质附着，造成不能圆滑运转，并且在铜合金保持架上润滑脂易变成绿色。

5）有时由于连续运转，润滑脂因过分软化(或硬化)，失去润滑性，难易导致运转部位的磨损。许多轴承的损伤，最初是保持架的磨损，接着便是轨道面、制动体的破损。

出现上述情况应及时更换润滑脂。

3–24　如何选用纺织机械用油？

答：纺织机械用油参见表3–39。

表3–39　纺织机械用油

设备名称及润滑部位	用 油 名 称
清棉机：滑动轴承	HL46、HL68液压油
梳棉机：滑动轴承	HL46、HL68液压油
斩刀油箱	HL32、HL46液压油
齿轮部分	2号、3号通用锂基脂
并条机：滑动轴承	HL46、HL68液压油
皮　辊	HL68、HL100液压油
粗纺机：锭杆轴承	HL46液压油
罗拉凳(脂润滑)	2号、3号通用锂基脂
罗拉凳(油润滑)	HL100液压油
皮　辊	HL68、HL100液压油
滑动轴承	HL46、HL68液压油
花鼓筒	00号半流体锂基脂
精纺机：滑动轴承	HL46、HL68液压油
滚筒轴承(脂润滑)	2号、3号通用锂基脂
滚筒轴承(脂润滑)	HL46、HL68液压油
皮　辊	HL68、HL100液压油
锭　子	FD轴承油

续表

设备名称及润滑部位	用油名称
络经机：断头自停箱 滚动轴承 滑动轴承	HL15、32HL 液压油 2 号、3 号通用锂基脂 HL46、HL68 液压油
整经机：滑动轴承 滚动轴承	HL46、HL68 液压油 2 号、3 号通用锂基脂
浆纱机：滑动轴承 滚动轴承	HL46、HL68 液压油 3 号钠基脂
浆泵：滑动轴承	HL46、HL68 液压油
织布机：滑动轴承 传动齿轮 提花搂子	P-5 织布机油 2 号、3 号通用锂基脂 HL15 液压油
验布机、码布机：滑动轴承	HL46、HL68 液压油
打包机：液压装置 滑动轴承	HL15、HL32 液压油 HL46、HL68 液压油

3-25 如何选用制浆造纸设备用油？

答：制浆造纸设备用油参见表 3-40。

表 3-40 制浆造纸设备用油

润滑部位 设备名称	轴承		蜗轮蜗杆	减速机	闭式齿轮	开式齿轮
	用油部分	用脂部分				
备料设备	HL68、HL100 液压油	2 号、3 号钙基脂	150 工业齿轮油	100 工业齿轮油	100 工业齿轮油	320 工业齿轮油
蒸煮设备	HL100 液压油	2、3 号钙基脂，2、3 号通用锂基脂	150 工业齿轮油	100 工业齿轮油	100 工业齿轮油	石墨钙基脂，半流体锂基脂

续表

设备名称 \ 润滑部位	轴承		蜗轮蜗杆	减速机	闭式齿轮	开式齿轮
	用油部分	用脂部分				
筛浆、洗浆漂白设备	HL68、HL100 液压油	2 号、3 号钙基脂	—	100 工业齿轮油	100 工业齿轮油	—
打浆设备	320、150 工业齿轮油	2 号、3 号钙基脂，2 号、3 号通用锂基脂	150 工业齿轮油	100 工业齿轮油	100 工业齿轮油	—
造纸机设备	100 工业齿轮油，11 号汽缸油	2 号、3 号钙基脂，2 号、3 号通用锂基脂	—	100 工业齿轮油	100 工业齿轮油	石墨钙基脂，半流体锂基脂
正饰完成设备	HL100 液压油	2 号、3 号钙基脂	—	HL100 液压油	—	石墨钙基脂，半流体锂基脂

3-26 如何选用木材加工机械用油？

答：木材加工机械用油参见表 3-41。

表 3-41 木材加工机械用油

机械名称	各种木材加工机械	
	圆锯、带锯、各种刨床、车床、钻开榫机、挖补机、冷压机、齐边机、铲平机、磨刀机、锉锯机等	
用油部位及品种	轴承部分	2 号、3 号钙基脂
	齿轮箱及其他加油部位HL32、HL46 液压油	
	液压传动部位HL15、HL32 液压油	

3-27 如何选用金属切削机床用油？

答：金属切削机床用油参见表 3-42。

表 3-42　金属切削机床用油

设备名称及代号	润滑部位	润滑油名称
1. 车床(代号 C)		
仪表车床	主轴箱	HL15、HL32 液压油
	溜板箱	HL15、HL32 液压油
	进给箱	HL32 液压油
单轴自动车床	蜗轮箱	HL32、HL68 液压油
	变速箱	HL15、HL32 液压油
	主轴箱	HL15、HL32 液压油
多轴自动及半自动车床	液压箱、油箱	HL46 液压油
	进给箱	HL32、HL46 液压油
	主轴箱	HL32、HL46 液压油
	溜板箱	HL32、HL46 液压油
六角车床	主轴箱	HL32、HL46 液压油
	进给箱	HL32、HL46 液压油
	溜板箱	HL32、HL46 液压油
2. 钻床(代号 C)		
深孔钻床	主轴箱	HL46 液压油
	溜板箱	HL46、HL68 液压油
摇臂钻床	进给箱	HL32 液压油
	主轴箱	HL32、HL46 液压油
	升降箱	HL32～HL68 液压油
立式钻床	主轴箱	HL32、HL46 液压油
	进给箱	HL32、HL46 液压油
卧式钻床	主轴箱	HL32、HL46 液压油
	进给箱	HL32、HL46 液压油
3. 镗床(代号 T)		
坐标镗床	主轴箱	FD2～FD15 轴承油
	镗头主箱	2 号主轴箱
	进给箱	HL32、HL46 液压油

续表

设备名称及代号	润滑部位	润滑油名称
	升降箱	HG68 液压油
	导轨箱	100 导轨油
卧式镗床	主轴箱	HL32、HL46 液压油
	油　箱	HL32、HL46 液压油
	升降箱	HL68、HL100 液压油
	进给箱	HL46、HL68 液压油
金刚镗床	主轴箱	HL32、HL46 液压油
专用镗床	主轴箱	HL32、HL46 液压油
	油　箱	HL32、HL46 液压油
	进给箱	HL46 液压油
4. 磨床(代号 M)		
外圆磨床	液压箱	HL32、HL46 液压油
	砂轮箱	FD2~FD7 轴承油
	主轴箱	HL15、HL32 液压油
	导轨箱	36、68 导轨油
内圆磨床	液压箱、油箱	HL32 液压油
	砂轮箱	FD2~FD7 轴承油
	主轴箱	HL15、HL32 液压油
珩磨机及研磨机	主轴箱	HL32~HL68 液压油
	变速箱	HL46、HL68 液压油
	液压箱	HL32、HL46 液压油
导轨磨床	砂轮箱	FD7 轴承油
	液压箱	HL32、HL46 液压油
	变速箱	HL46、HL68 液压油
刀具刃磨床	主轴箱	HL32、HL46 液压油
	液压箱	HL32、HL46 液压油
	砂轮箱	FD2~FD7 轴承油
平面及端面磨床	油　箱	HL32 液压油
	砂轮箱	FD2~FD7 轴承油

续表

设备名称及代号	润滑部位	润滑油名称
专用磨床	液压箱	HL32 液压油
	砂轮箱	FD2~FD7 轴承油
	主轴箱	HL15、HL32 液压油
工具磨床	油　箱	HL32、HL46 液压油
	变速箱	HL32、HL46 液压油
	砂轮箱	FD5~FD15 轴承油
	主轴箱	HL15 液压油
立式车床	油箱	HL46~HL100 液压油
	进给箱	HL32~HL68 液压油
	升降箱	HL68~HL100 液压油
	变速箱	HL46~HL100 液压油
落地及普通车床	床头箱	HL15~HL46 液压油
	进给箱	HL32~HL68 液压油
仿形及多刀车床	溜板箱	HL32~HL68 液压油
	主轴箱	HL32 液压油
其他车床	液压箱	HL32 液压油
	油　箱	HL32、HL46 液压油
	主轴箱	HL46、HL68 液压油
	溜板箱	HL46 液压油
5. 齿轮加工机床(代号 Y)		
锥齿轮加工机床	油　箱	HL32、HL46 液压油
	减速箱	HL46 液压油
滚齿机	进给箱	HL46、HL68 液压油
	油　箱	HL46 液压油
	蜗轮箱	HL46~HL100 液压油
	主轴箱	HL46 液压油
	刀　架	HL46 液压油
	油　箱	HL46、HL68 液压油
剃齿机及珩齿机	蜗轮箱	HL68、HL100 液压油

续表

设备名称及代号	润滑部位	润滑油名称
	蜗轮箱	HL46～HL100 液压油
插齿机	刀　架	HL46 液压油
	分齿箱	HL46 液压油
	蜗轮箱	HL68、HL100 液压油
圆柱齿轮磨齿机	油　箱	HL32～HL68 液压油
	导轨箱	68 导轨油
	主轴箱	HL32～HL68 液压油
倒角机及齿轮检查机	分齿箱	HL68 液压油
	油　箱	HL46 液压油
6. 螺纹加工机床(代号 S)		
螺纹铣床	油　箱	HL46 液压油
螺纹磨床	砂轮箱	FD2～FD7 轴承油
	砂轮主轴	3 号主轴脂
	床头箱	HL15 液压油
	导轨箱	HL32 液压油
螺纹车床	主轴箱	HL32 液压油
	变速箱	HL46 液压油
	液压箱	HL32 液压油
7. 铣床(代号 X)		
龙门及双柱铣床		
	主轴箱	HL46、HL68 液压油
	进给箱	HL32、HL46 液压油
	减速箱	HL46、HL68 液压油
	升降箱	HL46、HL68 液压油
	油　箱	HL32、HL46 液压油
仿形铣床	主轴箱	HL32、HL46 液压油
	液压箱	HL32、HL46 液压油
立式铣床	主轴箱	HL32、HL46 液压油
	进给箱	HL46、HL68 液压油

续表

设备名称及代号	润滑部位	润滑油名称
卧式铣床	主轴箱	HL46 液压油
	进给箱	HL46 液压油
	升降箱	HL68、HL100 液压油
其他铣床	主轴箱、变速箱	HL32、HL46 液压油
	液压箱	HL32 液压油
	走刀箱	HL32 液压油
	升降箱	HL68 液压油
8. 刨床及插床(代号 B)		
单臂刨床	油　箱	HL46～HL100 液压油
	进给箱	HL46、HL68 液压油
	减速箱	HL46～HL100 液压油
	升降箱	HL46～HL100 液压油
龙门刨床	油　箱	HL32～HL100 液压油
	刀　架	HL46、HL68 液压油
	减速箱	HL46～HL100 液压油
	升降箱	HL46～HL100 液压油
	进给箱	HL46～HL100 液压油
插床	油箱、液压箱	HL32、HL46 液压油
	进给箱	HL32、HL46 液压油
	变速箱	HL32、HL46 液压油
	主轴箱	HL46 液压油
牛头刨床	油　箱	HL46 液压油
	变速箱	HL46 液压油
	导　轨	32、68 导轨油
刨边机及刨模机	油　箱	HL46 液压油
	进给箱	HL46 液压油
	变速箱	HL46 液压油
9. 拉床(代号 L)		
立式拉床	油　箱	HL32 液压油
卧式拉床	液压箱	HL32 液压油
超声波及电加工		

续表

设备名称及代号	润滑部位	润滑油名称
机床(代号 D)		
电脉冲加工机床	导　轨	32、68 导轨油
电火花加工机床	导　轨	32、68 导轨油
10. 切断机床(代号 G)		
带锯机及锉锯机	油　箱	HL32、HL46 液压油
圆锯机	液压箱	HL32 液压油
	齿轮箱	HL46 液压油
弓锯机	液压箱	HL32 液压油
	油　箱	HL32 液压油

3-28　如何选用液压油泵用油？

答：液压油泵用油参见表 3-43。

表 3-43　液压油泵用油

类　型	最大工作压力/MPa	工作温度/℃	润滑油名称
叶片泵	6.78	5~40	HL32、HL46 液压油
		40~80	HM46、HM68 液压油
	13.72	5~40	HM32、HM46 液压油
		40~80	HM46、HM68 液压油
齿轮泵	12.26	5~40	HM32、HM46 液压油
		40~80	HM46、HM68 液压油
	9.81~19.61	5~40	HM32、HM46 液压油
		40~80	HM46、HM68 液压油
	15.69~31.38	5~40	HM32、HM46 液压油
		40~80	HM46、HM68 液压油
柱塞泵	13.73~34.33	5~40	HM32、HM46 液压油
		40~80	HM46、HM68 液压油
	34.32	5~40	HM32、HM46 液压油
		40~80	HM48、HM100 液压油
螺杆泵	10.3	5~40	HM32、HM46 液压油
		40~80	HM46、HM68 液压油

3-29　如何选用冶金设备用油？

答：冶金设备用油参见表 3-44。

表 3-44　冶金设备用油

设 备 名 称	用 油 名 称
烧结设备	
皮带机减速机	150 工业齿轮油
圆盘给料机减速机	150 工业齿轮油
烧结机弹性滑道	1 号复合铝基脂
烧结机抽烟机轴承	HM32 液压油
烧结机台车车轮轴承	复合铝基脂
原料抓斗吊车	
减速机	150 工业齿轮油
车轮轴承	2 号通用锂基脂
炼铁设备	
高炉汽轮鼓风机	HM32 液压油
电动泥炮机	
齿轮传动	320 工业齿轮油
打泥丝杆及推力轴承	2 号通用锂基脂
高炉上料卷扬机减速机	220 工业齿轮油
上料卷扬机钢丝绳	ZM 型钢丝绳脂
炉顶布料及大小钟拉杆的密封装置集中润滑	经过滤后的废机油
称量车	
走行轴瓦	车轴油
空气压缩机	100 往复式压缩机油
减速机	150 工业齿轮油
集中润滑系统	1 号复合铝基脂
液压系统	HM32 液压油
热风炉	
各种阀门减速机	100 工业齿轮油
各部开式齿轮	半流体锂基脂
炼钢设备	
平炉换向阀蜗轮减速机	460 工业齿轮油
平炉鼓风滚动轴承	2 号通用锂基脂
冶金吊车(铁水罐吊车、铸锭吊车、脱锭吊车)	
各部减速机	320、460 工业齿轮油

续表

设备名称	用油名称
集中润滑系统	1号复合铝基脂
钢丝绳	ZM型钢丝绳脂
开式齿轮	半流体锂基脂
蜗轮减速机	320、460工业齿轮油
混铁炉	
减速机	320、460工业齿轮油
集中润滑系统	1号复合铝基脂
原料吊车(磁性吊车、抓斗吊车)	
减速机	150工业齿轮油
车轮轴承	2号通用锂基脂
钢丝绳	ZM型钢丝绳脂
轧钢设备	
轧制线上的稀油系统	460工业齿轮油(中、重载荷)
集中干油系统系统	1号复合铝基脂
液压系统	32、46抗磨液压油
主电机轴承稀油润滑系统	HM46液压油
开式齿轮	半流体锂基脂

3-30 如何选用铸造设备用油？

答：铸造设备用油参见表3-45。

表3-45 铸造设备用油

设备名称	润滑部位	用油名称
各式搅拌机、球磨机、造型机、压铸机、浇铸机、落砂机、滚筒机、抛丸机、混砂机等	轴承	2号、3号钙基脂
	减速箱	100、150工业齿轮油
	蜗轮箱	150工业齿轮油
	液压装置	HM15、HM32液压油

3-31 如何选用锻压设备用油？

答：锻压设备用油参见表3-46。

表 3-46　锻压设备用油

类别	设备名称			用油名称
锻锤类	空气锤	汽缸部分		11 号汽缸油
		传动部分		HM100 液压油
		轴承部分	滑动轴承	HM100 液压油
			滚动轴承	1 号钙钠基脂
	蒸汽锤，蒸、空两用锤		汽缸部分	11 号、24 号汽缸油
			轴承部分	3 号锂基脂
	弹簧锤、杠杆锤			HM68、HM100 液压油
	模锻锤			11 号、24 号汽缸油
	平锻锤			HM100 液压油
压力机类	机械锻压机			HM100 液压油
	水压机		高压泵	HM68、HM100 液压油
			操作机	32、46 抗磨液压油
			工作台导轨	HM68、HM100 液压油
	油压机			HM46 液压油
其他	剪板机			HM68、HM100 液压油
	冲床			HM68、HM100 液压油
	冷镦机			HM46、HM68 液压油

3-32　如何选用电机用油

答：电机用油参见表 3-47。

表 3-47　电机用油

工作条件＼容量		容量/kW		
		100 以下	100~1000	1000 以上
滚动轴承	高速 1500~3000r/min	3 号锂基脂、3 号钙基脂、2 号钙钠基脂	3 号锂基脂、3 号钠基脂	3 号锂基脂、3 号复合钙基脂
	中速 1000~1500r/min	3 号锂基脂、3 号钙基脂、2 号钙钠基脂	3 号锂基脂、3 号钠基脂	3 号锂基脂、3 号复合钙基脂
	低速 1000r/min 以下	2 号锂基脂、2 号钙基脂、2 号钙钠基脂	2 号锂基脂、2 号钠基脂	3 号锂基脂、3 号复合钙基脂

续表

工作条件 \ 容量		容量/kW		
		100 以下	100~1000	1000 以上
滑动轴承	高速 1500~3000r/min	HM32 液压油	HM32 液压油	HM46 液压油
	中速 1000~1500r/min	HM32 液压油	HM46 液压油	HM46 液压油
	低速 1000r/min 以下	HM46 液压油	HM68 液压油	HM68 液压油

3-33　如何选用蒸汽机用油？

答：蒸汽机用油参见表 3-48。

表 3-48　蒸汽机用油

润滑部位		蒸汽温度/℃	用油名称
饱和蒸汽	汽缸、活塞等	150 以下	11 号汽缸油
		150~200	24 号汽缸油
	轴承、十字头、偏心轮等		HM46、HM68 液压油
过热蒸汽	汽缸、活塞等	300 以下	38 号汽缸油
		300~400	50 号汽缸油
			65 号合成汽缸油
	轴承、十字头、偏心轮等		HM100 液压油
蒸汽泵	汽缸活塞		11 号、24 号汽缸油

3-34　如何选用凿岩机型和风动工具用油？

答：凿岩机型和风动工具用油如下：

（1）露天潜孔凿岩机钻机的润滑参见表 3-49。

（2）卷扬机的润滑。轴承——3 号锂基脂、2 号钙钠基脂；钢丝绳——ZM 型钢丝绳脂。

（3）电机轴承的润滑用 3 号通用锂基脂，2 号钙钠基脂。

表 3-49　露天潜孔凿岩机钻机的润滑用油

润滑部位	环境温度/℃	用油名称
气缸、冲击器及其操纵阀	-15 以上	HM32 液压油、32 防锈汽轮机油
	-15 以下	13 号全损耗系统用油、15 冷冻机油
减速箱	—	半流体锂基脂、220 工业齿轮油
绳轮		2 号锂基脂
行走下滑轮		
各铜瓦		
脂杯部位		
直压油嘴部位		

（4）水泵的润滑用 2 号锂基脂。

（5）潜孔钻机的润滑参见表 3-50。

表 3-50　潜孔钻机的润滑用油

润滑部位	用油名称	润滑部位	用油名称
回转减速箱	220 工业齿轮油 GL-3 车辆齿轮油	底部链轮轴	3 号锂基脂
主传动减速箱		走行传动轴	
回转减速箱滚动轴承	3 号锂基脂	覆带装置	
主传动减速箱及单、双链轮滚动轴承		走行传动开式齿轮	石墨钙基脂
顶部传动轴及提升主轴滚动轴承		链条	
辅卷卷筒波动轴承		主、副钻杆螺纹	2 号二硫化钼锂基脂
走行传动滚动轴承		冲口器前后接夹螺纹	

（6）潜孔钻机液压系统用油参见表 3-51。

表 3-51　潜孔钻机液压系统用油

环境温度/℃	用 油 名 称
-15 以上	HM32 液压油
-15 以下	HV32 液压油

(7) 覆带潜孔台机用油参见表 3-52。

表 3-52 覆带潜孔台机用油

润滑部位	用油名称
液压油箱	-15℃以上 32HM 液压油 -15℃以上 32HV 液压油
风马达、各减速器、运动机构的加油处、重载轮、支承轮等旋转、活动零件上的所有压注油嘴	2 号锂基脂

(8) 气腿式凿岩机用油参见表 3-53。

表 3-53 气腿式凿岩机用油

润滑部位	环境温度/℃	用油名称
汽缸、冲击器及其操作阀	-15 以上	HM32 液压油
	-15 以下	13 号全损耗系统用油、15 冷冻机油

(9) 风动工具用油参见表 3-54。

表 3-54 风动工具用油

工具名称	环境温度/℃	用油名称
铆钉机、风镐、风铲及风钻、风板机、风砂轮等	-15 以上	HM32 液压油
	-15 以下	13 号全损耗系统用油、15 冷冻机油

3-35 如何选用起重设备用油?

答：起重设备用油见表 3-55。

表 3-55 起重设备用油

设备名称及润滑部位		用油名称
桥式起重机、电动单梁起重机	减速箱	68、100 工业齿轮油
	轴承	2 号、3 号锂基脂

续表

设备名称及润滑部位		用 油 名 称
覆带式、轮式起重机	减速箱	68、100 工业齿轮油
	轴承	2 号、3 号锂基脂
	液压传动装置	32、46 抗磨液压油
电动、手动旋臂吊车及电葫芦、加料斗、提升机		HM68、HM100 液压油，2 号、3 号锂基脂
各种输送机械（链式、裙式、螺旋式、斗式）	手浇润滑	HM68、HM100 液压油
	滚动轴承	2 号、3 号锂基脂
	链索	HM68、HM100 液压油
	开式齿轮	半流体锂基脂
卷扬机（2.2~147.1kW）	滚珠轴承	2 号、3 号锂基脂
	滑动轴承及闸	HM46~HM100 液压油（按功率大小选用）
	闭式齿轮	10~320 工业齿轮油（按功率大小选用）
	开式齿轮	半流体锂基脂
	液压系统	HM15、HM32 液压油
电梯	减速箱	HM100 液压油

3-36 如何选用钢丝绳用油脂？

答：钢丝绳用油脂见表 3-56。

表 3-56 钢丝绳用油脂

工 作 条 件	使用油脂名称
低速重载荷钢丝绳（起重机、挖泥机、电铲等）	320 中、重载荷工业齿轮油或 ZM 型钢丝绳防锈脂
高速的起重钢丝绳（电梯、卷扬机等）	100 工业齿轮油或 320 工业齿轮油
在斜坡上高速重载荷的钢丝绳（矿山提升斗车、锅炉运煤车等）	320 工业齿轮油或 ZM 型钢丝绳防锈脂
中高速、轻中载荷的钢丝绳（牵引机、吊货车等）	320 工业齿轮油或 ZM 型钢丝绳防锈脂
无运动、暴露在水、潮湿或化学气体中的钢丝绳	ZM 型钢丝绳防锈脂，工业凡士林

第4章　设备润滑与管理

4–1　润滑油的代用原则是什么？

答：（1）尽量用同类油品或性能相近、添加剂类型相似的油品。

（2）粘度要相当，以不超过原用油粘度±25%为宜。一般情况，可采用粘度稍大的润滑油代替，但精度机床用液压油、轴承油则选用粘度稍低些。

（3）质量以高代低，即选用质量高一档的油品代用，这样对设备润滑比较可靠。同时，还可延长使用期，经济上也合算。

（4）选择代用油时，要考虑环境与工作温度，对工作温度变化大的机械设备，代用油的粘温性要好一些，对于低温工作的机械，选择代用油倾点要低于工作温度10℃以下，而对于高温工作的机械，则要考虑代用油的闪点要高一些，氧化安定性也要满足使用要求。

4–2　润滑油混用的原则是什么？

答：一般情况下，应当尽量避免混用，因为设备用了混合油，如果出了毛病，要找原因就更困难了。另外，不同润滑油混合使用也就难以对油品质量进行确切的考查。在下列情况下，油品可以混用：

（1）同类产品质量基本相似，或高质量油混入低质量油仍按低质量油用于原使用的机器设备。

（2）需要调整油品的粘度等理化性能，采用同一种油品不同牌号相互混用，如 32 号与 68 号 HM 液压油掺配成 46 号。

（3）不同类的油，如果知道两种对混的油品都是不加添加剂的，或其中一个是不加添加剂，或两油都加添加剂但相互不起反应的，一般也可以混用，只是混用后对质量高的油品来说质量会有所降低。

（4）对于不了解性能的油品，如果确实需要混用，要求在混用前作混用试验(如采用拟混用的两种油以 1∶1 混合加温搅拌均匀)，观察混合油有无异味或沉淀等异常现象，如果发现异味或沉淀生成，则不能混用。有条件的单位，最好测定混用前后润滑油的主要理化性能。

（5）对混用油的使用情况要注意考查。

4-3　不同润滑油混合后理化性能有何变化?

答：(1)粘度变化。粘度不同的两种润滑油相混后，粘度是起变化的，变化的范围总是在高粘度与低粘度之间，已知两种油的粘度，要得到基于两者之间的粘度的混合油，可按不同调和比进行调和，其比例可用以下公式进行计算。

$$\lg N = V\lg n + V'\lg n'$$

式中　V、V'——A 油和 B 油的体积分数，即 $V+V'=1$

n、n'——A 油和 B 油在同一温度下的粘度，mm^2/s；

N——调配油同温度下的粘度，mm^2/s。

可查“两组分粘度调和图”求混合油粘度。

（2）闪点变化

两种润滑油相混，闪点也会发生变化，特别是高闪点油中混入了低闪点油，即使其量不多，对油品的闪点也会降低甚大。混合油的闪点可通过查“两组分近似闪点调和表”得到。

（3）密度、酸值、残碳及灰分的变化可以通过以下公式进行计算：

$$P=\frac{X_A P_A+X_B P_B}{100}$$

式中 P——要求混合油的某项质量指标；

X_A——A 种油的配比，%；

P_A——A 种油的某项质量指标数；

X_B——B 种油的配比，%；

P_B——B 种油的某项质量指标数。

4-4　润滑油混用中应注意哪些问题？

答：（1）军用特种油、专用油料不宜与别的油混用。

（2）内燃机油加入添加剂种类较多，性能不一混用问题必须慎重，已知内燃机油用的烷基水杨酸盐清净分散剂与磺酸盐清净分散剂混合后会产生沉淀。国内外都发生过不同内燃机油混合后产生沉淀，甚至发生事故等情况。

（3）有抗乳化要求的油品，不得与无抗乳化要求的油品相混。

（4）抗氨汽轮机油不得与其他汽轮机油（特别是加烯基丁二酸防锈剂的）相混。

（5）抗磨液压油，不要与一般液压油等相混，含 Zn 抗磨，抗银液压油等不能相混。

4-5　润滑油老化变质的原因是什么？

答：（1）水和空气能使油品氧化，在使用过程中受温度、压力的影响使氧化速度加快，油品被氧化后，产生有机酸和沉淀物。活性金属的存在，能加速氧化。

（2）润滑油中添加剂的消耗、分解，使油品质量下降。使用温度和混入介质（如水、燃料油、乳化液等）能促使添加剂消耗，分解速度加快。混入水、杂质等有害成分，是油品变质的直接原因，不仅分解添加剂，还能破坏润滑状况，引起磨损等。

(3) 不适当的混用，也能使油品变质。

(4) 电场也能加速油品老化。

4-6　不同种润滑脂混合后性能有哪些变化?

答： 在选择使用润滑脂时，原则上不能把不同种润滑脂混合使用，因为不同种润滑脂混合，会影响脂的稠度、滴点、安全性等，表现出与原脂明显不同的性质。在不得已必须混合时，应预先明确混合后有无影响，并尽量减少混合比例。一般皂基脂混合后性能变化如下：

(1) 钙基脂：一般混入少量钠、钡、锂基脂，性质不致产生突然变化，而且还可能改善其耐温和耐用寿命等性能。但混入20%~40%的钠基脂时，会使滴点下降，当混入70%时则滴点显著上升。

(2) 钠基脂：如混入10%的钙、钡或钠基脂时，影响较小。当混入20%时影响较大。

(3) 锂基脂：混入10%左右的钠基脂或钡基脂时，对其性能影响较大，主要表现为滴点降低以及耐用寿命的变化。但混入10%左右的钙基脂，对性能影响较小。

(4) 钡基润滑脂：即使混入少量的钠基或锂基脂，对其性能也有影响，但混入钙基脂时影响较小。

(5) 铝基脂：混入钠基脂或钙基脂时，对其性能影响小，但混入锂基脂时则影响较大。

(6) 特种多效通用润滑脂混合后的性能变化：锂基脂与膨润土脂、复合锂基脂、聚脲基脂混合时，表现出一定的硬化趋势；膨润土脂与12-羟基硬脂酸锂基脂混合时也变硬；

复合钙基脂与膨润土脂的混合物严重变硬；而12-羟基硬脂酸钙基脂除与聚脲基脂不相容外，与所列其他润滑脂基本相容。不同种润滑脂混合后性能变化及其适用使用情况参见表4-1。

表4-1　不同稠化剂润滑脂的混合及适合不同使用条件的润滑脂

	稠化剂种类		钠皂	钙皂	锂皂	复合钙皂	复合锂皂	复合铝皂	膨润土	聚脲
不同稠化剂润滑脂的混合性	钠皂		○	△	×	△	×	×	×	×
	钙皂		△	○	×	○	×	×	×	×
	锂皂		×	×	○	△	△	○	○	△
	复合钙皂		△	○	△	○	△	△	△	△
	复合锂皂		×	×	△	△	○	○	○	○
	复合铝皂		×	×	○	×	△	△	△	△
	膨润土		×	×	○	△	○	○	○	○
	聚脲		×	×	△	△	○	○	○	○
适合不同使用条件的润滑脂	环境	与水接触	×	○	○	○	○	○	○	○
		与药品接触	×	×	×	×	×	×	○	○
		温度 150~180℃	×	×	×	×	×	×	○	○
		温度 100~150℃	×	×	×	○	○	○	○	○
		温度 100℃以下	○	○	○	○	○	○	○	○
	运转条件	转数 大	○	×	○	○	○	○	×	○
		转数 小	○	○	○	○	○	○	○	○
		负荷 大	○	×	○	○	○	○	×	×
		负荷 小	○	○	○	○	○	○	○	○
	给脂方式	手抹给脂	○	○	○	○	○	○	○	○
		集中给脂	×	×	○	○	○	○	○	○

注：○—出现一点问题；△—需要注意；×—不适当。

4-7　润滑油在使用过程中的如何进行质量维护？

答：（1）控制油温。为了防止油温过高，应把油温控制在工作温度的最低点。有润滑油冷却器的系统，应经常注意调节冷却水，没有冷却水的系统，也应注意油箱的散热。

（2）防止水、气、尘杂等有害物质的漏入。应设法禁止漏入乳化液、燃料油、尘杂混入，应注意及时过滤。

（3）加强润滑管理，采取防劣化措施。润滑油的管理，要有专人负责。未经主管工程师批准或未经混用试验，不得随便混油。润滑系统要保持清洁密闭。油箱内壁不能涂油漆，也不能用铅、铜或红铅等油溶性物质做密封材料。换新时，油箱、管线及润滑部位一定要冲洗干净，防止旧油中残留下来的变质组分污染新油。润滑系统要配备净油设备，油品在使用过程中要注意质量跟踪，发现问题，及时采取措施。

4-8　润滑油在储存、运输过程中的如何进行质量维护？

答：润滑油的储运、运输过程是质量维护的重要环节，为了确保油品质量，确保用户利益，必须加强储运管理，普及储运知识。

（1）储运容器必须是清洁的，不清洁或存过不同类型的油品，必须经过严格清洗。不同类型的油品，容器要专用，尽量不要互换。抗磨液压油、变压器油、汽轮机、HM 油的包装一定要用新容器。一般不用镀锌铁桶装含添加剂的润滑油，容器的标志一定要清楚，品名和入库时间要注明。

（2）控制储运温度，防止水和杂质混入。润滑油一定储存在低温或阴凉的地方，防止水和杂质混入。汽车长途运输时，要求用有篷车装运，临时堆放在室外时，要放倒堆放或将桶口一边垫高。

（3）由于过去我国的润滑油品种、牌号少。各地石油公司的储油罐较少，只能装几个品种牌号，润滑油混储的现象十分严重，一般都是同一牌号同一油品，不管哪家生产的、都混储在同一储罐，过去由于都是低档油品，添加剂加量少，所以混储引起的不良结果没有明显表现出来。试验证明，不同厂家不同配方的油品，即使用同一品种牌号油品，也不能随意混储。特别是水杨酸盐配方的发动机油与磺酸盐配方的发动机油是不能混储的。若混储将会发生反应而析出沉淀，这一点务必引起用户重视。

4-9 如何合理使用压缩机油？

答：（1）正确控制给油量。

供给压缩机的润滑油量，应在保证润滑和冷却的前提下尽量减少。给油量过多，会增加气缸内积碳，使气阀关闭不严，压缩效率下降，甚至引起爆炸，并浪费润滑油；给油量过少，则润滑和冷却效果不好，引起压缩机过热，增大机械磨损。因此必须根据压缩机的压力、排气量和速度以及润滑方式和油的粘度等条件来正确控制给油量。关于最佳给油量，有不少经验数据和计算公式，但无统一说法。一般认为，遍及气缸全面、无块状油膜、不从气缸底部外流，达到这种状况的给油量即为最佳给油量。

1）往复活塞式压缩机的气缸内部和传动机构是分别润滑时，气缸的给油量可根据压缩机的类型和运转条件不同直接用注油器调节，给油量原则上按气缸和活塞的滑动面积确定(如表4-2)，但即使滑动面积相同，如压力增加，给油量也要增加。

2）滴油式回转压缩机的给油量按功率大小确定，如表4-3。

表 4-2　往复活塞式压缩机气缸润滑参考给油量

气缸直径/cm	活塞行程容积/cm^3	滑动表面积/m^3/min	给油量/mL/h	给油滴数/min
15 以下	1 以下	45 以下	3	2/3
15~20	1~2	45~70	5	1
20~25	2~4	70~100	6	4/3
25~30	4~6	100~140	10	1~2
30~35	6~10	140~185	18	2~3
35~45	10~17	185~240	23	3~4
45~60	17~30	240~340	33	4~5
60~75	30~50	340~450	40	5~6
75~90	50~75	450~560	50	6~8
90~105	75~105	560~700	75	8~10
105~120	840	700~840	100	10~12

表 4-3　滴油式回转压缩机的参考给油量

压缩机的功率/kW	55 以下	55~75	75~150	150~300
给油量/(mL/h)	15~25	27~30	20~25	14~20

3）对新安装或新更换活塞环的压缩机，则必须以 2~3 倍的最低给油量进行磨合运转。

(2) 确定合理的换油指标。

压缩机的换油期，随着压缩机的构造形式、压缩介质、操作条件、润滑方式和润滑油质量不同而异。通常可以根据油品在使用过程中质量性能的变化情况确定换油，目前尚无统一的换油标准。

往复式压缩机的内部油是全损式润滑，冷却器回收用过的油不再循环使用。

外部油及内外部共用油的换油指标可参考表 4-4。

油冷式回转空气压缩机油的换油标准可参考表 4-5。

表 4-4　压缩机油换油参考指标

类　型	润滑部位		换油质量指标				备　注
			粘度	酸值/(mgKOH/g)	残炭/%	正庚烷不溶物/%	
往复式	高压用	内部用（汽缸）	—	—	—	—	不反复使用、排出可作轴承润滑用
		外部用（轴承）	1.5 倍	2.0	1.0	0.5	—
	低压用	汽缸轴承共用	1.5 倍	2.0	1.0	0.5	—
回转式	汽缸轴承共用		1.5 倍	0.5	—	0.5	主要使用汽轮机油和回转压缩机油
离心式	轴承用		1.5 倍	0.5	—	0.5	主要使用汽轮机油

表 4-5　油冷式回转压缩机油换油参考指标

项　　目	指　标	项　　目	指　标
闪点/℃	下降 8	粘度变化/%	±(15~20)
杂质(在油浴最低部取样)/%	0.1	酸值/(mgKOH/g)	0.2

4-10　如何合理使用冷冻机油？

答：(1)适当控制给油量。

冷冻机的润滑一般采用油泵(强制)循环润滑和飞溅式润滑两种。冷冻机油的损失主要有两方面，一是从气缸进入制冷剂中被带走的部分，二是润滑传动机构的损失和用于密封部分的损失。为了保持冷冻机正常工作所需的油量，必须适当补充不能回收的冷冻机油损失量。冷冻机油的消耗量可参见表 4-6。

表 4-6　根据制冷压缩机制冷量计算冷冻机油消耗

制冷能力/(MJ/h)	气缸润滑油耗量/(g/h)		传动机构消耗量/(g/h)
	氨、二氧化碳	氟里昂	
<400	10~20	20~30	15~20
400~2000	20~30	30~50	20~30
2000~4000	30~50	50~70	30~50
4000~8000	50~80	70~100	50~80
>8000	80 以上	100 以上	80 以上

(2) 在使用过程中加强对冷冻机油的质量监控。

冷冻机油变质的主要因素：①氧化变质，其特征是油品颜色变深，粘度增大，酸值升高。甚至产生沉淀物。②混入水和机械杂质，使蒸发系统产生冰塞现象(氨制冷机)，或降低制冷能力，导致设备腐蚀，产生乳化现象，加速油品质量恶化等，因此在使用中尽可能地降低储存温度，密封好容器，防止水和杂质混入。通常可以通过对冷冻机油进行采样分析来检测油品的变质情况，分析项目为粘度、酸值、腐蚀、颜色、水分、闪点等，如果分析项目中有一项变化较大，就需要更换新油。冷冻机油换油标准参见表 4-7。

表 4-7　冷冻机油更换标准

项　　目	指　　标		
	国内例 1	国外例 1	国外例 2
水分	0.03%以下	75×10^{-6} 以下	100×10^{-6} 以下
水溶性酸和碱	有	—	—
腐蚀	对铜、钢有腐蚀	对铜、钢有腐蚀	—
色度	—	增加两个等级	—
粘度变化/%	—	±20 以下	±(15~20)
正戊烷不溶物/%	—	—	0.19 以下
总酸值/(mgKOH/g)	—	—	0.5 以下

4-11 汽轮机油使用管理中应注意哪些问题？

答：(1) 汽轮机油的容器，包括储油缸、油桶和取样工具等必须清洁，尤其在储运过程中不能混入水、杂质和其他油品，不得用镀锌、或有磷酸锌涂层的铁桶及含锌的容器装油，以防止油品与锌接触发生水解和乳化变质。

(2) 新机加油或旧机检修后加油或换油前，必须将润滑油管路、油箱清洗干净，不得残留油污、杂质，尤其是如金属清洗剂等表面活性剂。合理的方法是先用少量油品把已清洗干净的管路循环清洗以下，抽出后再进油。每次检修抽出的油品，应进行严格的过滤并经检验合格后方可再次投入运行。

(3) 汽轮机油的使用温度以40~60℃为宜，要经常调节汽轮机油冷却器的冷却水量或供油量，使轴承回油管温度控制在60℃左右。

(4) 在机组的运行过程中，要防止漏气、漏水及其他杂质的污染。

(5) 定期或不定期地将油箱底部沉积的水及杂质排出，以保证油品的洁净。

(6) 定期或根据具体情况随机地对运行中的汽轮机油取样，观察油样的颜色和清洁度，并有针对性地对油样进行粘度、酸值、水分、杂质、水分离性、防锈性、抗氧剂的含量等项目的分析，如变化过大，应及时换油。运行中汽轮机油的质量标准参见表4-8。

表4-8 运行中汽轮机油质量标准

序号	项　目	质量标准	测试方法
1	外观	透明	外观目测
2	运动粘度(40℃)/(mm^2/s)	与新油原始测值的偏离值≤20%	GB/T 265

续表

序号	项目		质量标准	测试方法
3	闪点(开口)/℃		1. 不比新油标准值低 8℃ 2. 不比前次测定值低 8℃	GB/T 267
4	机械杂质		无	外观目测
5	酸值/(mgKOH/g)	未加防锈剂的油 不大于	0.2	GB 7599 或 GB/T 264
		加防锈剂的油 不大于	0.3	
6	液相锈蚀		无锈	YS—21—1
7	破乳化度/min 不大于		60	GB 7605
8	水分/级			外观目测

4-12 影响汽轮机油变质的因素有哪些?

答:影响汽轮机油变质的因素有:

(1) 油系统进入水蒸气或水。

(2) 油温局部过高。

(3) 金属粒屑(尤其铜),或灰尘混入油中。

(4) 油中混入其他化学品。

(5) 油系统漏电。

(6) 油系统循环次数过多或总油量太少。

(7) 与有害气体接触,如氯气、二氧化硫、氨等腐蚀性气体。

4-13 内燃机油在使用过程中如何管理?

答:内燃机油在使用过程中的管理主要有以下几方面内容:

(1) 在内燃机油使用过程中,在保证油品质量等级和粘度等级满足内燃机使用要求的前提下,可以使用不同厂家生产的或牌号不同的机油,但最好不要混用。

（2）在内燃机运转时，应经常检查内燃机油的液面高度，以油面保持在标尺上、下两刻度线之间的位置为宜。而油面过低，则由于油量不足而导致油温过高，甚至泵不上油；油面过高，易引起窜油，使耗油量增加，这些都会影响内燃机的正常使用。

（3）在开机前应先用预供油泵，在确信机油已达到个润滑点后，方可启动发动机。

（4）要按照发动机使用说明书的要求，定期对机油滤清器和离心滤清器进行清洗和保养，以确保进入主油道的机油清洁。

（5）在对发动机进行冲洗和保养时，要严防燃油和水进入机油内。如果在发动机运转过程中，发现呼吸气处有水蒸气逸出，则表明发动机某部位可能有漏水现象，要及时停机查找原因，待故障排出后更换机油，方可重新开机。

4-14　机器设备中常用的润滑方法有哪些？

答：机器设备中常用的润滑方法如下：

（1）手注加油润滑

通过人工，用加油工具（油壶、油枪）将油加入油杯中或油孔中，使油进入摩擦部位或直接将油加到摩擦接触部位。这是最简单的润滑方法，全靠人工间歇给油，故油的进给不均匀，加油不及时就容易造成机器零件磨损，润滑材料利用率低。轻载低速的摩擦接触部位选用得较多如开式齿轮、链条。

（2）滴油润滑

滴油润滑是利用油的自重一滴一滴地向摩擦部位滴油进行润滑。这种润滑方法对摩擦表面供油量是限量的并可调节。使用滴油润滑装置时必须保持容器内的油位不得低于最高油位的1/3高度。为防止滤网和阀针被阻塞，必须定期清洗油杯及采用经过过滤的润滑油。使用前需检查油杯工作是否正常。

（3）飞溅润滑

飞溅润滑方法是依靠旋转的机件或附加在轴上的甩油盘，甩油片将油溅散到润滑部位。为了润滑轴承或油溅散不到的摩擦部位，在箱的内壁开有集油槽或加档油板。这种润滑方法比较简单，由于只能用于封闭机构，故能防止润滑油污染。由于润滑油循环使用，润滑效果好，油料消耗少，飞溅润滑装置使用时必须保持容器内的油位，定期清洗更换润滑油。

（4）油池润滑

依靠淹没在油池中的旋转机件连续旋转将油带到相互啮合的摩擦件上或将油推向容器壁上润滑轴承及其他零件。这种润滑方法比较简单，适用于封闭的、转速较低的机构，如蜗轮蜗杆传动、凸轮机构、转子链和齿链、钢丝绳等。油池润滑装置工作时必须保持规定的油位，要定期清洗更换润滑油。

（5）油环、油链及油轮润滑

这种润滑方法是将油环或油链套在轴上作自由旋转，油轮则固定在轴上。油环、油链、油轮浸入油池中随轴旋转时将油带入摩擦面，形成自动润滑。油池内保持规定的油位就能可靠地保证摩擦部位的润滑。

（6）油绳、油垫润滑

这种润滑方法是将油绳、油垫或泡沫塑料等浸在油中，利用本身的毛细管和虹吸管作用吸油，连续不断地供给摩擦面油滴。该润滑装置作用均匀，具有过滤作用使进入摩擦面的油清洁。使用油绳润滑方法时，油绳不要与摩擦面接触以免被卷入摩擦面中。油杯中的油位应保持在全高的 3/4 以上，保证吸入量，毛绳不可有结并定期更换。

(7) 机械强制送油润滑

这种方法是利用装在油池上的小型柱塞泵，通过机械装置的带动把油压向润滑点。其装置维护简单，供油随设备的启停而启停，供油是间隙的、自动的，油的流量由柱塞泵的行程来调整。为了保持润滑油的清洁，装置的油池应保持一定深度，以防止油池中的沉淀物堵塞泵的吸油管路。

(8) 油雾润滑

油雾润滑的原理是利用压缩空气通过喷嘴把润滑油喷出雾化后再送入摩擦接触面，并让其在饱和状态下析出，使摩擦表面上粘附一薄层油膜而起润滑作用。此润滑方法除润滑油能随压缩空气侵入并弥散到有摩擦接触表面外，还能散去摩擦产生的热，并带走磨损下来的屑末。采用油雾润滑方法时，必须采用无水分和经过净化的压缩空气，润滑油中最好加入抗氧化添加剂。

(9) 压力循环润滑

压力循环润滑方法是利用重力或油泵使循环系统的润滑油达到一定的工作压力后，输送到各润滑部位，使用过的油被送回油箱，经冷却、过滤后供循环使用。一般压力循环润滑方法能调整供油压力和油量，可保证均匀而连续地供油，由于供油量充足，润滑油还能将摩擦热及磨损的碎屑带走。此种润滑装置使用中必须保持一定油位和油的清洁，管道畅通，无泄漏，要定期清洗系统及更换润滑油。

(10) 集中润滑

集中润滑方法是通过中心润滑器、一些分送管道和分配阀，按照一定时间发送定量油、脂到各润滑点。其润滑装置有的是手工操作，有的是在调整好的时间内自动配送油料。供给摩擦接触面的油是均匀和周期性的，而不是连续的，有的装置的油量可以调整。采用集中润滑方法应保持油箱内有一定的油位、清洁的润滑材料和畅通的油路系统。

4-15　润滑故障的主要表现形式及其原因是什么？

答：润滑故障是机械设备运转时出现的一种现象，其主要的表现形式及其原因是：

(1) 机械运转不灵。机械运转时，运动迟滞，速度不匀，不能平稳地工作，而且动力消耗大。因此产生振动和噪声，同时电动机过热，达不到要求的转动速度，如果为此而改用大功率电动机，则机械将过度发热，传动装置(皮带、齿轮等)和轴承将受到损伤。其主要原因：

1) 摩擦部分设计或安装不当。摩擦部分的间隙过小，而摩擦力太大。或反之，间隙过大，也会造成冲击和润滑状态不良，致使摩擦增大而运转不稳定。此外对摩擦部分供应的润滑剂不足，润滑不良而使运转状态恶化。这些情况有的是因为机械设计不当；有的是因为加工或装配不好而造成的。

2) 摩擦部分的材料及其组合不当，或润滑剂选择不适当时，也会造成运动不稳定，而且容易引起咬粘或胶合等损伤。

3) 有异物混入。当尘土或沙子等磨料性固体异物从外部侵入时，因其嵌入摩擦部分而使运动受阻。摩擦部分的间隙和油膜厚度为几微米至几十微米，与此相比，浮游在空气中的尘土通常都达到几十微米至 100μm，而且它们的硬度极高，因此在阻碍运动的同时，引起显著的磨损。

4）摩擦部分的损伤，如果齿轮、轴承、进给丝杠和导轨面等摩擦部分发生磨损、咬粘、剥落等损伤，运动状态将恶化。

（2）产生振动和噪声。机械在运转时会产生不正常的振动和噪声，导致机械的性能降低和环境恶化，在最严重的情况下会造成机械过早地损坏，其原因也有与润滑有关的。

（3）温度过高。比正常运转的摩擦力增大，以致摩擦部分的温度显著升高。在无外热的情况，如轴承或油箱油温超过80℃时，应引起严密的注意。此时机械摩擦部位内部的温度可能还高出几十度，甚至有润滑油烧焦的臭味和冒烟。其原因有以下几点：

1）摩擦部位阻力太大，强行继续运转而激烈发热。

2）摩擦阻力大，除由于机械运转恶化情况外，还有应润滑油粘度大，流动性差而散热不良，以致产生的热量不能及时散出机外。

3）摩擦润滑部位的散热条件不良，周围气温高或通风不良，以致摩擦发生的热量不能随时散出。

4）由于运转时发热，机械发生热变形和热膨胀，使摩擦部分配合精度失常，从而促进了发热。

（4）机械不能运转

机械运转中突然停止或不能再启动，除了驱动力——电动机故障外，还有因机械中产生异常阻力，摩擦部分发生咬抱所造成。其原因有：

1）摩擦部分发生损伤，以致发生咬抱。

2）摩擦部分有土、砂、或尘埃等异物和来自其他部分的碎屑进入，以致卡死。

3）随着温度过度升高，摩擦部分的状态显著恶化，或发生咬粘。

4-16　汽车内燃机润滑故障如何处理？

答：汽车内燃机润滑故障的处理见表4-9。

表4-9　汽车内燃机润滑故障的处理

故障名称	原　因	处 理 措 施
油压过低	(1) 油量过少	补充新油
	(2) 机油粘度太低	换用新油
	(3) 机油变质或粘度太大	换用新油
	(4) 油压表不准	换新压力表或加以校准检验
	(5) 油压表管线堵塞	检修清洗管线并加以调整
	(6) 润滑油系统吸入空气	检查、修理并调整
	(7) 供油系统堵塞	清理供油系统并检查调整
	(8) 润滑油泵不良	检修并调整
	(9) 油压表调整不良	检修并调整
	(10) 机油滤清器堵塞	清洗或换新
	(11) 系统漏油，或发动机磨损太大	检修
	(12) 摇臂的给油过多	调整供油孔
运转中油压逐渐下降	(1) 内燃机满负荷长期运转造成过热	暂时停车冷却
	(2) 扫气过甚	检修并调整
	(3) 润滑部位有烧结现象	检修并调整
油压表振动太大	(1) 油量过少	补充机油
	(2) 油压表及调节阀不良	检修并调整
油压过高	(1) 机油粘度太大	换用或掺入低粘度油
	(2) 油压调节阀不灵	检修并调整
润滑油耗量过大	(1) 油底壳漏油	检修并调整
	(2) 活塞环或气缸壁磨损太大，间隙过大	解体检修
	(3) 润滑油粘度太小	换用或掺入高粘度润滑油
	(4) 油量过多，油面过高	调整油量，保持油面
	(5) 曲轴箱换气不良	检修并调整
	(6) 润滑油压太高以致上窜进入燃烧室	调整润滑油泵，调整油压

续表

故障名称	原　因	处理措施
轴　承烧坏	(1) 润滑油滤清器阻塞 (2) 润滑油变质严重 (3) 漏油 (4) 尘埃杂质吸入,或水分过多 (5) 轴承装配或调整不良 (6) 轴承材质不对 (7) 润滑油粘度过大或凝点太高 (8) 润滑油抗磨性能不良,油膜强度不够	清洗或换油 换用新油 检修堵漏 检修机油滤清器和空气滤清器 检修并调整 换用良品 换用质量适用的新油 换用质量适用的新油
活塞环胶结	(1) 润滑油质量不良 (2) 润滑油变质严重 (3) 循环润滑油量过多或过少 (4) 活塞环装配不当	换用高质量润滑油 换用新油 调整油量并检修供油系统 检修并调整
活塞结胶或拉缸	(1) 润滑油供油不良 (2) 润滑油质量不良 (3) 装配间隙不当	解体检修并调整 换用高档的、粘度适宜的润滑油 解体检修并调整

4-17　液压油使用过程中的润滑故障如何处理?

答:液压油使用过程中的润滑故障处理见表4-10。

表4-10　液压油使用过程中的润滑故障处理

性质的变化		容易产生的故障	与液压液有关的原因	应采取的措施
粘度	太低	(1) 泵产生噪音,排出量不足,产生异常磨损,甚至烧结 (2) 由于机器的内泄漏,油缸、油马达等执行元件产生异常动作 (3) 压力控制阀不稳定,压力计指针振动 (4) 由于润滑不良,滑动面产生异常磨损	(1) 由于油温控制不好,油温上升 (2) 在使用标准机器装置中,使用了粘度过低的油 (3) 高粘度指数油长时间使用后粘度下降	(1) 改进、修理冷却器系统 (2) 更换液压油牌号,或使用特殊的机器 (3) 更换液压油

续表

性质的变化		容易产生的故障	与液压液有关的原因	应采取的措施
粘度	太高	(1) 由于泵吸油不良，产生烧结 (2) 由于泵吸油阻力增加,产生空穴作用 (3) 由于过滤器阻力增大,产生故障 (4) 由于管路阻力增大,压力损失增加 (5) 控制阀动作迟缓或动作不良	(1) 液压油粘度等级选择不当 (2) 设计时忽视了液压油的低温性能 (3) 低温时的油温控制装置不良 (4) 在标准机器中使用了粘度过高的油	(1) 改用粘度等级低的油 (2) 设计低温时的加热装置 (3) 修理油温控制系统 (4) 更换或修理机器
防锈性不良		(1) 由于滑动部分生锈,控制阀动作不良 (2) 由于发生铁锈的脱落而卡住或烧结 (3) 由于随油流动的锈粒,产生动作不良或伤痕	(1) 在无防锈剂的汽轮机油等防锈性能差液压油中混入水分 (2) 液压油中有超过允许范围的水混入 (3) 从开始时就已发生的锈蚀继续发展	(1) 使用防锈性良好得意洋洋 (2) 改进防止水混入的措施 (3) 进行冲洗,并进行防锈处理
抗乳化性不良		(1) 由于多量的水而生锈 (2) 促进液压油的异常变质(氧化、老化) (3) 由于水分而使泵、阀产生空穴作用和侵蚀	(1) 新液压油的抗乳化性不良 (2) 液压油变质后,抗乳化性变坏,水分离性降低	(1) 使用抗乳化性能好的液压油 (2) 更换液压油

4-18 齿轮油使用过程的润滑故障如何处理?

答：齿轮油使用过程发生的问题及润滑故障处理见表4-11。

表 4-11 齿轮油使用过程发生的问题及润滑故障处理

问题	原因	解决措施
磨料磨损	金属粒子或其他粒子	换油或过滤,在换油前要冲洗箱体
烧伤	缺油或超负荷	供给足够的油,如可能应降低负荷
擦伤	高的表面温度,或油的抗磨性能差	采用降低操作温度措施;使用极压性能好的油品
疲劳点蚀	油的粘度过低;齿轮表面粗糙,局部压力过高	提高油的粘度;试用极压油;改进齿面光洁度;再磨合一段时间,初期点蚀可自行停止
胶合	粘度太低;在重负荷下滑动;表面粗糙;由于安装误差引起不适当的齿接触;启动时温度低	提高粘度;或用极压性能好的油;启动前将油预热
腐蚀和锈蚀	油防锈性差;有水分,有腐蚀性添加剂;有外来污染物或氧化后生成的酸	使用防锈性能好的油;在循环系统中勤放水;换油;防止污染物进入
起泡	缺乏抗泡剂;油面高度不适当;有空气和水分夹杂在油中	使用抗泡性好的油;检查所推荐的油面深度;隔绝水、气混入
沉淀或油泥	可能油中添加剂有沉淀;进入水分形成乳化液;油使用时间过长,生成氧化物	抗乳化性好;添加剂溶解性好的油;使用抗氧化性好的油;合理换油
粘度增加	油的氧化或油温过高	使用抗氧化性好的油;降低操作温度
不正常发热	齿轮箱内油太多;油粘度太高;在齿轮面上没有足够油流;超负荷;冷却管有故障;齿轮箱外有尘土堆积物影响散热	降低油的粘度;只充油到刻度;清洁循环系统,使油品循环良好;清洁齿轮箱外部散热部位
漏油	齿轮箱有缺陷或密封不好	更换密封
污染	安装时留下杂物;金属磨粒积累;通过通气孔进入的污染物	清洗油箱;检查更换空气过滤器,防止油箱口进入污染物

4-19 空气压缩机润滑故障如何处理?

答:空气压缩机润滑故障的原因及处理办法见表4-12。

表4-12 空气压缩机润滑故障的原因及处理办法

问题	原因	处理办法
油管内的压力突然降低	(1) 齿轮油泵管路被堵塞 (2) 油压管或连接管损坏 (3) 机身内的润滑油油位过低 (4) 油压表损坏 (5) 油泵失去作用,打不上油 (6) 过滤网阻塞 (7) 油路安全阀损坏	应检修油管 应修补或更换 应补充润滑油 应更换油表 应进行修理 应继续清洗 应进行更换
油管压力逐渐降低	(1) 轴瓦磨损过大 (2) 油管连结不严 (3) 润滑油过热,粘度降低	应及时更换或修理 应将螺丝拧紧或更换垫片 应加强润滑油的冷却或更换润滑油
润滑油温度过高	(1) 润滑油太脏 (2) 曲轴连杆机构有故障 (3) 润滑油量不足	应更换新油 应检查排除 应加添润滑油,并检查油路系统是否被堵塞
启动后油压表指“零”	(1) 止回阀失灵,使油泵因缺油而形成空转 (2) 油表指示失灵	应检查止回阀,排除故障后在油泵内注满润滑油,然后再启动 应及时更换

4-20 真空泵的润滑故障如何处理?

答:真空泵润滑故障的处理见表4-13、表4-14、表4-15。

表 4-13　往复式真空泵润滑故障的处理办法

故障现象	原　因	处理办法
真空度降低	吸气温度太高 气阀片与阀座接触不良 气阀片破裂 气缸磨坏，活塞环松	加冷却装置，冷却气体 进行刮研 更换新阀片 修理气缸，更换新活塞环
运转中有冲击	活塞上衬松动 连杆上衬和十字头销磨损或松头 连杆轴瓦太松 偏心圈太松，发生冲击 偏心圈连杆轴松动	拧紧螺帽 更换衬套，并将销刮配修理 抽去垫片，并与轴颈研合 抽去垫片，调整 更换销衬
电机过负荷	偏心圈与偏心轮摩擦，发生高热，致使电机过负荷 连杆轴瓦发生高热 十字头发生高热	如缺油应加油，如配合过紧应刮研或加垫片 如缺油应加油，如配合过紧应刮研或加垫片 润滑油是否良好，安装是否平直

表 4-14　旋片真空泵润滑故障的处理办法

故障现象	产生原因	处理办法
真空度降低	油量不足 油不清洁 吸气温度过高 进气连接处漏气 油温太低 油的牌号不对 排气阀片损坏 抽气中含可凝性蒸气 气镇阀垫片损坏 各端面密封不良 机件损坏 铸件疏松或有砂眼	添加新油 更换新油 在进气管路上加冷却装置 检查更换密封圈或用真空泥密封 系统先运转半小时或再投入使用 换规定牌号的新油 更换新片 打开气镇阀 更换新片 更换密封圈，拧紧螺钉 更换修理 更换新件

续表

故障现象	产生原因	处理办法
油温高	有杂物或铁屑吸入泵体内 吸入气体温度过高 冷却水温度高，数量不足	拆泵修理，消除杂物 在进口管路上加冷却装置 加大冷却水量
漏　油	泵轴、轴阀损坏 油箱螺钉松或垫损坏 各端面密封不佳 油窗损坏 放油塞松动	更换 更新拧紧 更换密封圈拧紧 更新 拧紧螺钉
启动困难	泵润滑不良 泵返油严重 室温太低	清理润滑系统 间断启动或用手转动泵轮数圈 提高室温
泵运转不正常	皮带松动或联轴器里边胶垫磨损 泵内进入脏物或零件损坏 电动机故障	调整电动机位置，使皮带松紧适宜，更换新垫 拆泵检修 检修电动机

表 4-15　油扩散泵润滑故障的处理办法

泵的故障	推测原因	故障处理办法
泵不工作	真空系统有大的漏孔 加热电炉丝烧断 油加热不足 进气管压力高 电离管污染严重	关闭高真空阀门,测漏气率,确定漏气部位,排除漏孔 换新炉丝 检查电热器功率,不足额定者用升高电压的方法补足 检查预真空管道是否有漏,前级泵抽速是否够,并排除故障 更换新管
泵的排气量小	油加热不足 蒸气管装配不对	检查电热器功率,不足额定者用升高电压的方法补足 拆开检修喷嘴间隙,检查蒸汽管是否合适,并作调整

续表

泵的故障	推测原因	故障处理办法
极限真空不好	真空系统有漏气	测定漏气了漏气率，确定漏气部位，排除故障
	真空系统内及泵壁上有污秽物质	清洗真空系统及泵的零件，可用溶剂：四氧化碳、丙酮、精馏酒精、苯或清洁过的汽油
	泵内含有高蒸气压力的馏分或油已变质	连续工作几小时后，系统内的真空不能改善，则将苯拆开换油
	泵冷却不好	检查水量足否，温度如何，增大给水量
	泵过热	将电热器加热功率降低至额定值，冷却水要适量
	泵内油少	拆下泵，重新加油
返油率过大	顶喷嘴螺帽松动	消除通孔螺帽故障，加档油帽改进结构
	加热功率不对	调整加热功率
	泵芯结构不合理	加防爆沸挡板，进气口上加冷阱

4-21 如何确定润滑油的换油期？

答：润滑油用到什么时候，什么程度就不能继续使用，需要换油，这就是润滑油的换油期和报废指标问题，一般换油的依据可以归纳以下几方面：

(1) 根据设备制造单位的介绍和设备运转情况来确定。这里必须强调设备制造单位所推荐的换油期只能作为参考，因为各设备厂家规定的换油期本身不一定合理，具体的设备使用单位的工作条件也差别较大，这些都影响换油期的确定。另外还要根据设备运转的情况，如油温油压是否正常、运转中有无异常现象、油路是否正常等，在设备检修时检查润滑系统有无严重锈蚀、剥落、擦伤等因油质不良而造成的缺陷。

(2) 根据油料检验情况确定换油期。目前确定润滑油的换油期比较可靠的方法是对使用中的润滑油进行抽样检验，根据检验结果来评定油品质量并确定要不要换油。具体抽样检验时有几点注意事项：①油样要有代表性，要在油品经过长时间循环，润滑系统处于热运转状况取样，在补充新油以前取样。②采样工具和装油容器要清洁。③要掌握新油的化验数据及润滑油补加数量等，以便对比并作出判断。

（3）换油注意事项：

1）不要轻易作出换油决定，要设法延长油品的使用期，办法是正确使用设备和油料，同时补充新油，有条件时可补充添加剂。当然，延长换油期必须保证设备安全运行和良好为前提。对一些关键、精密的设备，则不应过分强调油品使用期的延长。

2）尽量结合检修换油

3）换油时不要轻易报废，如油质尚好，可以稍加处理（如沉降过滤，去除水分杂质）后再用或用于次要设备。废油则要分别收集，以利于今后再处理。

4-22 HM-L 液压油换油指标是多少？

答：我国 HM-L 液压油换油指标参见表 4-16。

表 4-16 HM-L 液压油换油指标

项目		换油指标	试验方法
外观		不透明或混蚀	目测
运动粘度 40℃/变化率/%	大于	±10	GB/T 265①
色度变化（比新油）/号	等于或大于	3	GB/T 6540
酸值（mgKOH/g）	大于	0.3	GB/T 264
水分/%	大于	0.1	GB/T 260
机械杂质/%	大于	0.1	GB/T 511
铜片腐蚀（100℃，3h）/级	等于或大于	2	GB/T 5096

注：① 运动粘度变化率按下式计标：

$$\eta = \frac{\nu_1 - \nu_2}{\nu_2} \times 100\%$$

式中 ν_1——使用中油的粘度实测值，mm^2/s；

ν_2——新油粘度实测值，mm^2/s。

4-23 L-HM 液压油换油指标是多少？

答：我国 L-HM 液压油换油指标参见表 4-17。

表 4-17 L-HM 液压油换油指标(SH/T 599—94)

项　　目		换油指标	试验方法
运动粘度变化率(40℃)/%	超过	±15	GB/T 265①
水分/%	大于	0.1	GB/T 260
色度增加(比新油)/号	大于	2	GB/T 6540
酸值			
降低/%	超过	35	GB/T 264①
或增加值/(mgKOH/g)	大于	0.4	
正戊烷不溶物/%		0.1	GB/T 8926A 法③
铜片腐蚀(100℃，3h)/级	大于	2a	GB/T 509

注：① 运动粘度变化率(40℃)：

$$\eta = (\nu_1 - \nu_2)/\nu_2 \times 100\%$$

式中　ν_1、ν_2 分别为使用中油和新油的运动粘度。

② 酸值降低百分数 Y：

$$Y = (X_1 - X_2)/X_1 \times 100\%$$

式中　X_1，X_2 分别为新油和使用中油酸值实测值，mgKOH/g。

③ 允许采用 GB/T 511 方法，使用 60~90℃ 石油醚溶剂，测定试样机械杂质。

4-24 车用汽油机换油指标及换油期是多少？

答：我国车用汽油机换油指标及换油期参见表 4-18、表 4-19。

表 4-18 车用汽油机换油指标(GB/T 8028—94)①

项　　目		换油指标				试验方法
		L-EQB	L-EQC	L-EQD	L-EQE	
运动粘度 100℃变化率/%	超过	±25				GB/T 265、GB/T 11137②
水分/%	大于	0.2				GB/T 260
闪点(开口)/℃	低于	单级油 165 多级油 150				GB/T 或 GB/T 3536

续表

项　　目	换油指标				试验方法
	L-EQB	L-EQC	L-EQD	L-EQE	
酸值/(mgKOH/g)增加值 大于	2.0				GB/T 7304
铁含量/(mg/mg) 大于	250		200	150	SH/T 0197 或 SH/T 0077
正戊烷不溶物/% 大于	1.5		1.5	2.0	GB/T 8926A 法

注：① 执行本要求汽车技术状况和使用情况正常，并在使用过程中对油品性质实行监测，达到表中一项指标即应换油。

② 粘度变化率(%)= $\frac{使用中油的粘度值-新油粘度实测值}{新油粘度实测值}\times100$

表 4-19　车用汽油机换油周期(参考)(GB/T 8028—94 附录 A)

车　　型	汽油机油品种	路面状况	参考换油期/10^4km
解放牌 CA-10B(10)	L-EQB	一般路面	1.2~1.5
东风 EQ140	L-EQC	一般路面	1.5~2.0
解放牌 CA141	L-EQD	较好路面	1.2~1.5
解放牌 CA141	L-EQD	一般路面	1.0
小轿车	L-EQE	一般路面	0.8~1.0

4-25　汽车柴油机油换油指标是多少?

答：我国汽车柴油机油换油指标参见表 4-20。

表 4-20　汽车柴油机油换油指标(GB/T 7607—1995)

项　　目	换油指标			试验方法
	L-ECA	L-ECC	L-ECD	
运动粘度变化率(100℃)	±25	-15		GB/T 265 及
碱值/(mgKOH/g) 低于	—	新油的 50%		SH/T 0251
闪点(开口)/℃ 低于	单级油 180 多级油 160			GB/T 3536

续表

项目	换油指标			试验方法
	L-ECA	L-ECC	L-ECD	
水分/% 大于	0.2			GB/T 260
酸值增加值/(mgKOH/g) 大于	2.0			GB/T 264
石油醚不溶物/% 大于	2.5	—		SH/T 0473
正戊烷不溶物/% 大于		3.0 1.5		GB/T 2926B
铁含量/10^{-6} 大于	400	200	150	SH/T 0197—92

注：1. 参考换油里程；良好运行环境 14000km 以上；一般运行环境条件 12000km 以上，较差运行环境条件 9000km 以上。

2. 运行粘度变化率 η 按下式计算

$$\eta = \frac{\nu_1 - \nu_2}{\nu_2} \times 100\%$$

式中 ν_1——新油的粘度实测值，mm^2/s；

ν_2——使用中油的粘度实测值，mm^2/s。

4-26 拖拉机柴油机油换油指标是多少？

答：拖拉机柴油机油换油指标参见表 4-21。

表 4-21 拖拉机柴油机油换油指标(GB/T 7608—87)①

项目		换油指标	试验方法
运动粘度(100℃)变化率/%	超过	+35，-25	GB/T 265 及②
酸值/(mgKOH/g)	大于	2	GB/T 8030
碱值/(mgKOH/g)	小于	1	SH/T 0251
水分/%	大于	0.5	GB/T 260
不溶物含量/%			
(1) 石油醚不溶物	大于	3	
(2) 苯不溶物	大于	1.5	

注：① 用于拖拉机柴油机油在运行中的质量监控，当运行中的拖拉机柴油机油的不溶物含量接近本标准时，应采取相应的净化措施，其中有一项指标达到本标准时应更换新油。

② 运行粘度(100℃)变化率 η 按下式计算

$$\eta = \frac{\nu_1 - \nu_2}{\nu_2} \times 100\%$$

式中 ν_1——新油的粘度实测值，mm^2/s；

ν_2——使用中油的粘度实测值，mm^2/s。

4-27 普通车辆齿轮油换油指标是多少?

答：我国普通车辆齿轮油换油指标参见表4-22。

表4-22 普通车辆齿轮油换油指标(SH/T 0475—92)

项目		换油指标	试验方法
运动粘度(100℃)变化率/%	大于	+20，-10	①
水分/%	大于	1.0	GB/T 260
酸值增加值/(mgKOH/g)	大于	0.5	SH/T 8030
戊烷不溶物/%	大于	2.0	GB/T 8926
铁含量/%	大于	0.5	SH/T 0197②

注：1 本标准适用于普通车辆齿轮油在后桥渐开线齿轮润滑油过程中的质量监控，当使用中油品有一项指标达到换油指标时用更换新油。

2 执行本标准要求汽车后桥技术状况要良好，主动和从动齿轮的装配间隙符合检修公差，不漏油，并在使用过程中对油品的性质进行定期监测。

3 执行本标准的换油里程定为45000km。

① 100℃运动粘度变化率 η 按下式计算

$$\eta = \frac{\nu_1 - \nu_2}{\nu_2} \times 100\%$$

式中 ν_1——使用中油的粘度实测值，mm^2/s；

ν_2——新油的粘度实测值，mm^2/s；

ν_1、ν_2按GB/T 265测定。

② 铁含量测定方法允许采用原子吸收光谱法。

4-28 L-CKC工业闭式齿轮油换油指标是多少?

答：我国L-CKC工业闭式齿轮油换油指标参见表4-23。

表4-23 L-CKC工业闭式齿轮油换油指标(SH/T 0586—94)①

项目		换油指标	试验方法
外观	超过	异常	目测
运动粘度(100℃)变化率/%	大于	+15或-20	GB/T 265②
水分/%	大于	0.5	GB/T 260

续表

项　目		换油指标	试验方法
机械杂质/%	等于或大于	0.5	GB/T 511
铜片腐蚀(100℃，3h)	等于或大于	3b	GB/T 5096
梯姆肯试验 OK 值/N	等于或大于	133.4	GB/T 11144

注：① 当油品在使用过程中，若发现抗泡性能变差时，可根据使用情况向油品中补加抗泡添加剂。

② 40℃运动粘度变化率 η 按下式计算

$$\eta = \frac{\nu_1 - \nu_2}{\nu_2} \times 100\%$$

式中　ν_1——使用中油的粘度实测值，mm^2/s；

ν_2——新油的粘度实测值，mm^2/s；

ν_1、ν_2按 GB/T 265 测定

4-29　汽轮机油换油指标是多少？

答：我国汽轮机油换油指标参见表 4-24、表 4-25、表 4-26。

表 4-24　L-TSA 汽轮机油换油指标(SH/T 0636—1996)

项　目		换油指标				试验方法
粘度等级(按 GB 3141)		32	46	68	100	—
40℃运动变化率/%	超过	±10				GB/T 265①
酸值增加值/(mgKOH/g)	大于	0.1				GB/T 264
氧化安定性/min	低于	60				GB/T 0193
闪点(开口)/℃	低于	170		185		GB/T 3536
破乳化值(40-37-3，54)/min②	大于	40		60		GB/T 7305
液相锈蚀试验(合成海水)	低于	轻锈				GB/T 11143

注：① 40℃运动粘度变化率 η 按下式计算

$$\eta = \frac{\nu_1 - \nu_2}{\nu_2} \times 100\%$$

式中　ν_1——使用中油的粘度实测值，mm^2/s；

ν_2——新油的粘度实测值，mm^2/s；

运动粘度按 GB/T 265 测定。

② 当使用 100 号油时，测试油温度为 82℃。

表 4-25　化纤化肥工业用汽轮机油换油指标(GB/T 9939—88)

项　　目		换油指标	试验方法
运动粘度(40℃)变化率/%	超过	±10	GB/T 265
酸值(mgKOH/g)	大于		GB/T 264
未加防锈剂的油		0.2	
加防锈剂的油		0.3	
闪点(开口)/℃	比新油标准低	8	GB/T 267
水分/%	大于	0.1	GB/T 260
破乳化时间/min	大于	60	GB/T 7305
液相锈蚀试验(15#钢棒，24h，蒸馏水)		锈	GB/T 11143
氧化安定性/min	小于	60	SH/T 0193

注：本标准适用于化纤、化肥工业所使用的各种牌号的矿油型汽轮机油和防锈汽轮机油在运行中的质量监控。当运行中汽轮机油有一项指标达到本标准时，应采取相应的维护措施或更换新油。

变化率 = (使用中汽轮机油的实测粘度 - 新油的实测粘度)/新油的实测粘度 × 100%

表 4-26　抗氨汽轮机油换油指标(SH/T 0137—92)

项　　目		换油指标	试验方法
运动粘度(40℃)变化率/%	超过	±10	GB/T 265
酸值(mgKOH/g)	大于	0.2	GB/T 264
闪点(开口)/℃	比新油标准低	8	GB/T 267
水分/%	大于	0.1	GB/T 260
破乳化时间/min	大于	80	GB/T 7305
液相锈蚀试验($15^{\#}$钢棒，24h，蒸馏水)		锈	GB/T 11143
氧化安定性/min	小于	60	SH/T 0193
抗氨性能试验		不合格	SH/T 0302

注：本标准适用于大型化肥装置离心式合成气压缩机、冰机及汽轮机组使用的抗氨汽轮机油在运行中的质量监控。当运行中的抗氨汽轮机油有一项指标达到本标准时，应采取相应的维护措施和更换新油。

变化率 = (使用中汽轮机油的实测粘度 - 新油的实测粘度)/新油的实测粘度 × 100%

4-30 废油为什么要进行回收、再生工作？

答： 机械设备运转一定时间后，换下来的油习惯称为"废油"，实际上叫作"用过的油"比较合适。从废油成分来看，它并不完全是废物，因为润滑油在使用过程中只有部分氧化变质，同时从外界混入各种杂质数量有限，当变质成分和杂质累计到一定程度，使润滑油不能继续使用时，就变成了"废油"换下来，事实上在废油中变质和杂质不过只占很小一部分。

废油中变质物和杂质的总量通常在1%~2%范围内，其余的98%~99%仍然是好成分，只要经过认真处理，质量完全可以达到新油标准。

随着我国石油工业的迅速发展，润滑油生产数量和品种也在飞跃增长，但仍然不能满足工业生产的需要，因此，在努力加快润滑油生产的同时，还必须狠抓废油回收、再生工作。

废油的回收、再生是有效节约物质的措施之一，在一般工矿企业，所用的润滑油废油回收率可达50%以上。1t原油只能提炼润滑油30kg左右，而1t废润滑油则可提炼700~900kg润滑油。加上废油再生工艺简单、投资少、收益快，是节约和充分利用石油资源、提高工矿企业经济效益的一个重要环节。

此外，废油的回收、再生不仅仅是节约，同时还为了防止环境的污染，无论是将废油晒、漏、埋，最后它都会流入江、河、湖、海或渗入地下水中，最终会污染水源。即使把废油作为燃料烧掉。其所产生的烟雾对大气污染也十分严重。故而，实践证明，废油的回收、再生不仅在经济上有重大价值，而且在政治上也有重要意义。

4-31 废油如何回收？

答： 废油的来源主要是1)设备换油时，从润滑系统的油箱(或油槽)中收集；2)从设备润滑系统漏油处收集到的润滑油；3)清洗设备润滑系统、机械零部件用过的废油；4)处理废乳化液回收的废油；5)从擦设备的沾油棉纱、抹布中拧取等。要尽量做到点滴废油均回收。表4-27为废润滑油收集量定额和再生率，表中的数值供工作时参考。

表4-27 废润滑油收集量定额和再生率

润滑油种类	废润滑油收集量对原消耗量的/%	再生润滑油回收率对收集量的/%	再生润滑油回收率对消耗量的/%
工业润滑油	30	85	25.5
车用机油	25	60	15
透平油	90	90	81
变压器油	60	80	48

为了确实作好废油的回收工作，提高回收率和得到质量良好的再生油，在收集废润滑油时应注意以下几点：

(1) 要按润滑油的品种和牌号分别进行收集。不同品种不同牌号的废润滑油，要分别存放，不要混放在同一个容器里。特别是不要把润滑脂混入润滑油中，因为在润滑油中只要有少量的润滑脂，对废油再生工作就会增加很大的困难。

(2) 收集、储存各种废润滑油的容器上要有明显的标记或有不同的颜色，以便识别。为防止混入水分和杂质，收集、储存废油的容器要有盖子。

(3) 工厂、车间要指定专人组织废油的收集、储存工作，建立健全收集、储存废油制度，加强定额管理工作，不断提高回收率。

(4) 储存废油的容器不要随便移动，以便沉淀，提高再生油的质量。

4-32 滤油器有哪几种型式？其特性、用途如何？

答：滤油器，又称润滑油过滤器，它必须具有：

(1) 有较高的过滤性能，即能阻挡一定尺寸以上的机械杂质；

(2) 通油性能好，要求单位过滤面积通过流量大，同时不致引起高的压力损失；

(3) 过滤材料要有一定的机械强度，不致因受油压力作用而损坏；

(4) 应便于清洗或便于更换过滤材料。

滤油器由壳体和滤芯两部分组成，滤芯按过滤方式可分为表面型和深度型两种基本类型，表面型滤油器是利用滤芯表面的标定小孔、间隙来消除杂质，把杂质阻挡在滤芯表面上，能够严格限制大于小孔的颗粒，它表面容易被堵塞，但清洗方便，网式和线隙式滤油器均属于这一类型。深度型滤油器是利用一定厚度纵深的间隙阻挡油中的杂质，它不能严格限制杂质颗粒大小，但只有少量颗粒能通过这种滤油器，它滤清效果好，具有滤清细小杂质颗粒的能力，但滤器尺寸较大，而且堵塞后不易清洗。毛毡滤油器，金属烧结式滤油器是介于上列两种类型之间。常用滤油器的类型、用途及特性见表4-28。

表4-28 滤油器的类型、用途及特性

类型	用途	过滤精度	压力降 kgf/cm^2	特点
网式滤油器	装在泵的吸油管上，保护油泵	网孔为0.8～1.3mm，过滤后正常颗粒为0.13～0.4mm	不超过0.5	结构简单，通过能力强，过滤精度差

续表

类　型	用　途	过滤精度	压力降 kgf/cm^2	特　点
线隙式滤油器	因过滤材料强度低，多用于低压系统	线隙 0.1mm，过滤后正常颗粒为 0.02mm	小于 0.3～0.6	结构简单，通过能力强，过滤效果好，不易清洗
纸质滤油器	用于精滤，都与其他滤油器联合使用	纸的孔径为 0.03～0.07mm，过滤精度可达 0.005～0.3mm	0.1～0.4	过滤精度高，易堵塞，无法清洗
烧结式滤油器	可用于不同等级的精滤	过滤精度为 0.01～0.1mm	小于 1～2	耐压，抗腐蚀，耐高温，过滤效果好，不易清洗
片式滤油器	用于一般精度的滤油	过滤精度为 0.015～0.06mm	0.3～0.7	通油能力强，强度高，制造困难
磁性滤油器	用于清除铁屑等铁磁杂质			专用过滤器

4-33　润滑管理的目的是什么？

答： 滑管理的目的在于预防设备润滑故障，减少机械设备停车造成的损失和提高生产，节约保养劳务费和减少零件更换，延长设备的使用寿命，减少固定资产投资，减少润滑剂的消耗量，节约购买润滑剂的费用。搞好设备润滑管理工作是企业提高经济效益的重要途径，也是现代化企业管理的一项重要内容。

4-34　润滑管理的基本任务是什么？

答： 润滑管理的基本任务是：正确地选择，使用好润滑剂，及时、合理地润滑设备，防止设备发生润滑故障，使设备经常处于良好的工作状态，保证生产顺利进行；同时还要做好润滑剂的保管及定额消耗工作、废油回收利用工作；保证企业增产增收，提高经济效益。

4-35　润滑管理的主要内容有哪些？

答：(1) 建立切实可行的管理机构和规章制度，根据需要设置润滑站，配备专职或兼职的润滑工作人员。订立各级人员的岗位责任制。

(2) 制定设备润滑的技术标准，执行“定点、定质、定期、定量、定人”五定工作规范。编制各类型设备润滑表，发至每台设备使用。润滑图表要力求简明、准确、统一。另外，还要建立各种技术操作规程，安全技术规程等。

(3) 控制润滑材料的购、储、用全过程。监督油脂按计划的品种、数量、质量及时供应；掌握库存油料，要求按定额发给各车间或单台使用，及其回收废旧油料。要定出全厂统一的代表各种油料牌号的颜色，便于区别、防止混杂。

(4) 开展润滑技术培训。培养润滑工是润滑管理的第一步。要根据工厂的实际情况规划对润滑工进行教育培训。教育培训的内容有润滑基础知识和使用方法、供油方法、润滑技术问题的解答，以及工厂的润滑技术管理制度等。

(5) 加强对润滑系统工作状态的检查，经常进行记录。对重要设备应作定期检修，以保证油路畅通，油压及油量适宜，各种分油器、滤油器、压力继电器和流量保险联锁装置等灵活可靠。所有设备均应单独设立换油记录卡片。

(6) 制定各种机型润滑材料消耗定额。定额包括表面加油消耗定额、油箱正常消耗、月添油定额。同时，要治理设备漏油，这是一项重要而艰难的任务，有相当的机械设备(约 1/4~1/3)存在漏油问题，要坚持防治。

(7) 不断地学习、应用国内润滑新技术，试验、推广新润滑材料与润滑方式，以不断地提高润滑效果，适应日益提高的机械性能的需要，还要采用新科学成就，对重要设备的运行状态定期监测。

（8）做好废旧油料的回收与再生利用工作。

（9）润滑管理效果的评价与改善。为了不断总结提高，必须知道实行润滑管理的效果怎样反映到提高生产和降低成本上，把实行润滑管理前后的设备保养费，润滑剂等润滑有关经费，机械运转率等加以对比，从中看出润滑管理效果，并且进一步完善提高。

4-36　设备(动力)科润滑管理人员的职责是什么?

答：（1）拟定本厂设备管理的各项规章制度、技术标准，以及有关工作细则，并贯彻执行。

（2）制定润滑“五定”规范，编制设备的润滑图表，制定各种保养工作计划，并组织实施。

（3）编制年、季、月润滑材料(包括润滑工具)订购及发放计划，监督按品种、数量及时供应生产使用，对进厂油料质量负责检定，不符合质量标准的不得使用。

（4）定期(每季度一次)对设备润滑油箱进行检查(润滑工参加)，按油箱洁脏及油料新旧程度，分类排队，制定设备清洗换油计划。

（5）指导润滑工、维修工及设备操作工正确润滑设备，解决油料掺配与代用问题。

（6）组织废油回收与再生，冷却液配制与应用，防止设备重复发生类似事故。

（7）组织设备润滑事故分析。吸取教训，制定措施，严防重复发生类似事故。

（8）努力钻研有关润滑方面的新技术、新材料，积极推广润滑新技术、新材料。组织润滑技术培训，不断提高设备润滑技术水平及经济效益。

4–37 车间机械员（分管设备的主任）的润滑职责是什么？

答：（1）贯彻执行润滑管理制度“五定”规范，教育设备使用者及维修人员正确润滑机器，防止研磨事故。

（2）组织有关人员完成设备换油计划，按完好设备标准消除设备系统缺陷、防止漏油。

（3）执行用油定额，防止浪费。

4–38 润滑油站人员职责是什么？

答：（1）管好润滑站油库，专桶专用，严禁混杂，保持油质良好，领发油料有帐，回收再生废油，做好油库防火安全工作。

（2）协助设备操作人员进行润滑保养，及时供给操作者所需的润滑剂及润滑工具，协助并督促操作人员搞好设备润滑工作，按润滑图表进行加油。

（3）配合润滑管理人员做好设备油箱定期检查工作，执行换油计划，保持油箱清洁，定期加油，油量充足，油路系统畅通。

（4）负责公用设备的润滑保养，参加设备治漏工作。

4–39 设备操作人员的润滑职责是什么？

答：（1）做到“四懂三会”（懂结构、懂性能、懂原理、懂用途，会操作、会保养、会排除一般故障），熟悉所用设备润滑系统及润滑方法，熟悉所用润滑剂的主要性能，按“五定”规范加油，保证设备润滑良好。

（2）做好设备一、二级保养及日常保养，参加清洗换油及防止漏油工作，保持油箱清洁、无泄漏。

(3) 定期清洗并补齐油线、油毡垫、油杯(及盖)、滤油器及分油装置等，调整好集中润滑系统的油压、油量和滴油装置。

(4) 管好加油工具，执行定量耗油。

4-40　润滑油站的日常工作有哪些内容?

答: (1) 润滑材料进厂直接由润滑油站收货，按品种牌号、质量标准及计划数量进行验收，采样送化验室检定(或外围化验)，严把新进厂油料的质量关。

(2) 管好各种润滑材料，站内有足够的场地及储存容器，分类保管，严禁随意混杂。站内要做到防污、防水、防热、防火、防漏，各种容器应按照所装的油种，设置计量器具，各种器具应保持清洁，少量精密油料要放在铁柜中保存。润滑油要做到“三级过滤”，即进站转桶时的过滤、发出时过滤、加入设备油箱时过滤。每年至少清洗油站内油罐一次，用于提货的桶要保证干净。

(3) 收发账目清楚，油料进库时分类记账，发出时记账，并按定额或用油计划发放。每月累计总报主管单位，随时提出库存短缺油品，分析超过定额用油的原因。

(4) 协助并有责任督促设备操作人员搞好机床设备的日常保养及一、二级保养，向操作者提供需要的润滑工具、洗涤及试擦材料、油线、毛毡等，配合做好设备油箱的添油和清洗换油工作，使油箱保持洁净、油量充足、油质良好。

(5) 配合维修钳工，做好设备润滑系统的调整和检修，加强巡回检查，发现问题及时解决，使设备油标醒目、油路畅通、杯盖齐全，结合大中修治理设备油箱漏油。

(6) 做好废油回收、再生和使用。按规定回收各车间及设备的废油，如果数量不多，可进行简易再生。

（7）滑油站既是润滑工作的业务单位，又是全厂的润滑油库，要负责搞好用油安全。油库的设计、管理要符合安全要求。

4-41　设备润滑的"五定"内容是什么？

答：（1）定点。设备有几个润滑油箱（包括液压油箱）、油盒油杯、油孔及密封或外露的润滑点（导轨、丝杆等）。

（2）定质。各润滑部位要求使用何种牌号的油，根据摩擦副的特点，掌握代用油或掺和调配方法，保持油料的不受污染或变质。

（3）定期。各润滑点多长时间给油一次，根据油箱油质情况及时换油。

（4）定量。每个润滑点加油多少为宜，规定每班（月）消耗定额；各润滑油箱容量是多少，每月的油箱添油量应是多少，废油回收多少。

（5）定人。各机械设备分工专人负责加换油。一般来说每班加油点由操作者负责，油箱添油及清洗换油工作由车间润滑工为主负责（不设润滑工的车间仍归设备操作者负责），凡常拆卸后才能加油的部位由维修钳工负责，电器部分由电工负责。

参　考　文　献

1　张晨辉，林亮智编著．润滑油应用及设备润滑．北京：中国石化出版社，2002.

2　张澄清，李庆德编著．润滑脂应用指南．北京：中国石化出版社，1997.

3　周雍鑫编．润滑工实用问答．北京：机械工业出版社，1989.